西北煤矿(井工)生态环境治理技术应用

张兴文　主　编

刘建国　郑天龙　副主编

中国石化出版社

内 容 提 要

本书针对西北地区井工煤矿开采引发的生态环境问题，基于区域自然环境、气候条件和地理特性等特点，研究了高矿化度矿井水高效处理技术及资源化应用、煤矸石战略封存及微地貌改造、煤矿开发对地下水影响及防治技术措施、煤矿开发对地表沉陷影响及生态环境修复技术、煤矿废气治理关键技术，以及井工煤矿生态环境治理和保护智慧化管理与决策支持系统构建等关键技术问题，进而提出了西北地区井工煤矿开发生态环境综合治理及保护示范区建设模式。

本书适合开采、环境保护类研究人员及工作人员使用。

图书在版编目（CIP）数据

西北煤矿（井工）生态环境治理技术应用／张兴文主编．
—北京：中国石化出版社，2018.11
ISBN 978-7-5114-5104-0

Ⅰ.①西… Ⅱ.①张… Ⅲ.①煤矿–生态环境—环境综合整治—西北地区 Ⅳ.①X322.24

中国版本图书馆 CIP 数据核字（2018）第 262320 号

中国石化出版社出版发行
地址:北京市朝阳区吉市口路 9 号
邮编:100020　电话:(010)59964500
发行部电话:(010)59964526
http://www.sinopec-press.com
E-mail:press@sinopec.com
北京富泰印刷有限责任公司印刷
全国各地新华书店经销
*
710×1000 毫米 16 开本 13.75 印张 251 千字
2019 年 1 月第 1 版　2019 年 1 月第 1 次印刷
定价:45.00 元

《西北煤矿(井工)生态环境治理技术应用》编委会

主　编：张兴文（鄂尔多斯市昊华红庆梁矿业有限公司）

副主编：刘建国（内蒙古工业大学）

　　　　郑天龙（中国科学院生态环境研究中心）

参编人员（以姓氏笔画为序）：

　　　　马鸿志（北京科技大学）

　　　　王　朗（北京建筑大学）

　　　　王梦雄（鄂尔多斯市昊华红庆梁矿业有限公司）

　　　　刘　梅（内蒙古自治区环境信息中心）

　　　　李天昕（北京科技大学）

　　　　李现华（内蒙古自治区环境科学研究院）

　　　　杨　耀（内蒙古自治区环境科学研究院）

　　　　荆　萍（鄂尔多斯市昊华红庆梁矿业有限公司）

　　　　苟彦平（内蒙古生态环境科学研究院有限公司）

　　　　郭建英（水利部牧区水利科学研究所）

　　　　彭　伟（鄂尔多斯市昊华红庆梁矿业有限公司）

目 录

第一篇 项目概况

第二篇 矿井水处理与资源化利用示关键技术应用

第三篇　矸石综合处理利用关键技术集成与示范

第四篇　煤矿开发对地下水环境影响及污染防治技术措施应用

第六篇 煤矿废气综合治理技术研究

第七篇　矿井生态环境综合治理信息管理与决策支持系统构建

第八篇　结论

第一篇

项目概况

第1章　研究背景及意义

煤炭资源是国民经济、社会发展和人民生活的重要物质基础，是重要的能源与原料。然而，在煤炭资源开发利用过程中造成了极大的环境污染和生态破坏。从源头上控制环境问题，加强煤炭开发过程中生态环境的保护、环境污染的防治及资源的综合利用已成为为煤炭行业面临的重要课题。

内蒙古作为西部煤炭大省，"十二五"期间全区累计生产煤炭4920Mt，居全国第一位；累计外运煤炭突破3000Mt，占全国跨省煤炭净调出量的40%以上，为我国调出煤炭第一大省区。"十三五"期间，国家将加大供给侧结构性改革力度，改造提升传统动能，加快培育新动能，油气替代煤炭、非化石能源替代化石能源步伐加快，煤炭消费比重将进一步下降。内蒙古"十三五"期间将稳步推进煤炭生产基地建设。统筹安排煤炭总量和布局，依托胜利、五间房、白音华、准格尔、东胜、上海庙、伊敏、宝日希勒等大型整装煤田，按照国家总体能源战略部署，重点围绕保障煤电、现代煤化工等主要耗煤项目用煤需求，推动鄂尔多斯、锡林郭勒、呼伦贝尔三大煤炭生产基地建设，力争到2020年原煤产量控制在1150Mt左右。"十三五"期间，建成投产煤矿项目35项，总规模250Mt左右。续建煤矿项目19项，总规模140Mt左右，其中鄂尔多斯120Mt、呼伦贝尔20Mt左右。围绕煤电和煤化工基地配套用煤项目，拟新开工并建成煤矿项目16项，总规模120Mt左右，其中鄂尔多斯新增产能65Mt、锡林郭勒新增产能45Mt、通辽新增产能6Mt左右。

与此同时，煤炭开采带来的环境污染和生态破坏问题逐步显现，突出表现为煤炭开采扰动地表、土地开挖及占压对地表植被、景观格局、地下水系等方面的影响，而内蒙古自治区大型煤矿主要集中在生态脆弱、水资源匮乏、荒漠化严重的草原区，还处于《全国主体功能区规划》"两屏三带"生态安全格局中的"北方防沙带"主体功能区。上述区域煤炭大规模开发建设势必会进一步加剧区域生态破坏，若不强化源头控制和生态保护，甚至可能威胁我国的生态环境安全。但是，目前缺乏有针对性的大规模煤矿废弃物解决及生态保护策略，存在现有处理技术成本与煤炭开采企业利润波动、高风险之间矛盾突出的问题。

原国家环境保护总局于1992年颁布了专门的管理法规和标准，将煤炭工业环境保护作为企业环境保护的重中之重，纳入法制化轨道，环境保护的约束已成为内蒙古及全国煤炭业发展必须面对和解决的严峻问题。因此煤炭开发业的污染治理必须采取能实现环境治理与废物资源化的一体化模式，实现煤炭开发污染治理成本内部化，使污染治理行为本身产生效益，弥补成本甚至带来收益，必须走污染治理产业化的道路。通过有效的产业化手段，将治理成本转化为经济投入，将治理投资转化为产业发展投资，只有这样才能将被动的环境保护行为转化为主动的环境保护事业，使我国煤炭开发行业保持持续的国际竞争力和发展优势。目前，关于露天煤矿开发环境污染与生态修复的关键技术研究开展较多，而对井工矿开发的研究相对较少。因此，针对西北地区井工矿开发的快速发展与开采过程中造成的土地、生态、水污染、空气环境等严重污染的矛盾问题，急需开展西北地区井工矿开采生态环境治理方面的科学研究，将绿色发展理念贯穿于矿产资源规划、勘查、开发利用与保护全过程，解决西北地区井工矿开发高矿化度矿井水高效稳定处理关键技术及资源化利用示范、矸石综合处置及资源化利用、煤矿开发对地下水环境影响及污染防治技术措施、煤矿开发对地表沉陷的影响及生态修复综合治理技术、煤矿废气综合治理关键技术及井工煤矿生态环境保护智慧化管理与决策支持系统构建等方面共性关键技术问题。

以西北地区井工煤矿开发过程中生态环境污染综合治理关键技术集成示范及生态环境修复为目标，属于《国家中长期科学和技术发展规划纲要（2006—2020）》中"生态脆弱区域生态系统功能的恢复重建"优先主题；属于《"十三五"国家科技创新规划》中"煤炭清洁高效利用——煤炭绿色开发，煤炭污染控制"核心关键技术研发重大科技项目。

因此，开展该项研究，符合国家、自治区有关科技发展规划需求，项目成果对于完善我国西北地区井工煤矿开发及开采期间环境污染治理技术体系与理论，提高西北生态脆弱区煤炭开采生态修复科技含量，推动地区科技进步具有重要的科学意义。同时，将推动绿色矿山建设，提升带动区域内煤炭产业发展质量和效益，促进内蒙古自治区经济又好又快绿色发展。

第2章 研究对象

以杭锦旗西部能源开发有限公司昊华红庆梁煤矿为研究对象，其矿井及选煤厂位于内蒙古自治区鄂尔多斯市达拉特旗境内，行政区划隶属昭君镇管辖。矿井及配套选煤厂设计规模 6.0Mt/a，服务年限 64.1a。

2.1　红庆梁煤矿简介

红庆梁井田范围地理坐标为东经 109°26′40″～109°35′00″，北纬 39°57′43″～40°03′15″。井田南距 109 国道上的泊尔江海子镇 20km。泊尔江海子镇西至乌海市 305km，东至鄂尔多斯市东胜区 55km。红庆梁矿井南侧 12km 有 109 国道东西向通过，109 国道在柴登乡与南北向的解柴公路相汇，解柴公路井田东南和东侧通过，途径高头窑矿井接达旗电厂，该公路距离本矿工业场地约 5km。有包神铁路、包(头)西(安)铁路和东乌铁路分别从井田东侧和南侧通过。矿井北侧 15km 外有正在建设的鄂尔多斯沿河铁路东西向通过，东侧 8km 外有"关(碾房)塔(塔然高勒)铁路专用线"的高头窑矿井装车站；南界有塔然高勒矿区铁路专用线(即塔然高勒矿井铁路专用线)东西向通过，南侧 40km 外有东(胜)乌(海)铁路。

项目交通位置见图 2-1。

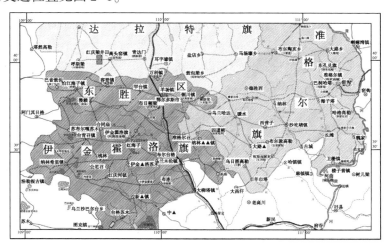

图 2-1　交通位置图

2.2 红庆梁煤矿工程分析

2.2.1 矿井工程

2.2.1.1 井田开拓与开采

（1）开拓方案。

工业场地位于井田中东部的小艾来色太沟北侧，地形标高+1391～+1423m。矿井采用主斜井、副立井混合开拓方式。在工业场地布置一个主斜井、一个副立井。主斜井井口标高为+1410m，副立井井口标高为+1404.5m。

在工业场地西北方向约1.5km处开设一个回风立井，利用主斜井和副立井进风，构成矿井初期中央分列式通风系统。

（2）水平划分及标高。

全井田共划分两个水平，即+975m水平和+930m水平，其中+975m水平开采3-1号煤层；+930m水平开采4-1号和4-2号煤层；此外，设置+1010m辅助水平开采井田内2-2上、2-2中、2-2下煤层。

（3）开拓巷道布置。

根据矿井开拓方案，主斜井井筒贯穿一水平，落底于二水平4-1号煤层上，副立井井筒落底于4-2号煤层底板，沿3-1号煤层底板布置+975m水平车场及硐室。

一、二水平均布置四条大巷，其中一条胶带运输大巷、二条辅助运输大巷、一条回风大巷。一水平开采3-1号煤层时四条大巷沿3-1号煤层布置；二水平沿4-1号煤层布置回风大巷，沿4-2号煤层布置胶带运输大巷及辅助运输大巷，其位置与一水平大巷重叠布置；辅助水平开采2煤组时，沿2-2中号煤层布置三条大巷，即一条胶带运输大巷、一条辅助运输大巷和一条回风大巷。

（4）盘区划分及开采顺序。

设计将全矿井全部煤层划分为10个盘区，分别为2号煤组（联合布置）一盘区、2号煤组二盘区、3-1煤层一盘区、3-1煤层二盘区、3-1煤层三盘区、3-1煤层四盘区、4号煤组（联合布置）一盘区、4号煤组二盘区、4号煤组三盘区、4号煤组四盘区。首采盘区为井田西南部的3-1煤一盘区和2-2中煤一盘区。

各盘区内均实行下行开采，即先开采上部煤层，再开采下部煤层。盘区内工作面沿大巷由近及远顺序接替，工作面采用后退式开采。

（5）工作面长度及采高。

矿井移交生产时在3-1煤一盘区布置一个厚煤层的大采高综采工作面，在

2-2中煤一盘区布置一个中厚煤层的综采工作面。

2.2.1.2 井下运输

本矿井井下回采工作面生产的原煤运输路径：回采工作面带式输送机顺槽→大巷带式输送机→井底煤仓→主斜井带式输送机，运至地面选煤厂洗选加工、存储、销售。

辅助运输系统为：井下人员、材料和设备等采用无轨胶轮车装载，从地面经副斜井、运往回采工作面及其他工作地点。

井下煤炭运输全部采用胶带输送机运输，辅助运输采用无轨胶轮车运输系统，可实现从地面至井下工作面连续运输。

2.2.1.3 矿井通风

本矿井为瓦斯矿井，确定矿井通风方式采用中央分列抽出式，通风方法为机械抽出式，由工业场地主斜井、副立井进风，风井场地回风立井回风。矿井达到设计产量时和矿井中后期最困难时期负压分别为1351.3Pa和2724.4Pa。

2.2.1.4 矿井排水

矿井初期正常排水量为330m³/h（7920m³/d），后期正常排水量为567.7m³/h（13624m³/d）。

矿井采用一级排水系统，在主斜井井底附近设有矿井主、副水仓及主排水泵房，主排水泵房排水设备将全矿井汇集的涌水（包括矿井涌水、消防洒水及防火灌浆析出水等等），沿工业场地主斜井排至地面井下水处理站。选用3台PJ200B×6型矿用高扬程多级离心泵，正常涌水时1台工作，1台备用，1台检修；最大涌水时2台同时工作。

2.2.1.5 矿井地面生产系统

红庆梁矿井地面生产系统主要包括主斜井生产系统、副立井地面生产系统、矿井辅助设施、排矸系统以及洗选加工系统。洗选加工系统详见2.3.2节。

（1）主斜井地面生产系统。

主斜井井筒内装备钢丝绳芯强力胶带输送机一条，带宽1600mm，运量2500t/h，承担矿井6.0Mt/a原煤的运输任务。井下原煤由工作面顺槽带式输送机、大巷带式输送机、主斜井带式输送机直接运至地面。

（2）副立井地面生产系统。

矿井的副立井井筒装备二套提升容器，一套为6绳特制双层大罐笼配平衡锤，另一套为交通罐笼配平衡锤，担负全矿矸石、材料、人员以及设备等的提升任务。井底辅助运输采用无轨胶轮车。

（3）矿井辅助设施。

本矿井辅助设施主要有：矿井修理车间、综采设备中转库及维修车间、胶轮车保养车间及木材加工房等。担负着本矿井的机电设备日常检修和维护、综采设备存放以及胶轮车加油等矿井的辅助生产保障工作。

（4）矸石运输系统。

矿井井下掘进工作面年产矸石量约为 60kt/a，用小型胶轮车运至其附近填充废弃联络巷道，井下矸石不上井。选煤厂矸石用装载机装入汽车运至运往排矸场。

2.2.2 选煤厂工程

项目配套建设 6.0Mt/a 的选煤厂。

2.2.2.1 工艺流程

选煤厂确定分选工艺为：块煤重介浅槽，末煤不分选，末煤离心脱水（煤泥加压过滤联合隔膜压滤回收工艺）。工艺流程如下：

（1）原煤准备系统。

① 筛分破碎

矿井毛煤首先经筛缝为 150mm 的圆振动筛，分出的 +150mm 特大块，经除杂破碎后进入块煤分选系统，筛下 -150mm 煤进入 13mm 分级筛。13mm 分级筛筛上块煤进入块煤分选系统，筛下末煤进入 8mm 分级筛分级。8mm 分级筛筛上块煤进入块煤分选系统，筛下末煤做末煤产品。13mm 分级筛下末煤可直接作为末煤产品，即入洗下限可根据煤质情况，调整到 13mm。

② 分级脱泥

8（13）~150mm 原煤送至 ϕ6mm 脱泥筛进行湿法筛分，8（13）~150mm 块原煤进入重介浅槽分选机分选，筛下水进入煤泥水处理作业。

（2）重介洗选系统。

+8（13）mm 块煤进入浅槽分选机分选，分选出块精煤和块矸石两种产品。30~150mm 块精煤既可破碎至 -50mm 后作为洗混煤产品，也可直接经 80mm 分级筛分出 80~150mm 及 30~80mm 块精煤产品或破碎至 80mm 后经 80mm 分级筛分出 30~80mm 块精煤产品。8（13）~30mm 的精煤经精煤离心机脱水后进入产品仓。块矸石经脱介筛脱介后作为最终矸石产品。

块精煤、块矸石脱介筛筛下合格介质进入合格介质桶，作为循环介质返回重介浅槽分选机循环使用。块精煤固定筛下合格介质通过分流，其中大部分去合介桶，少部分分流的合格介质与脱介筛筛下稀介质及精煤离心机离心液一并进入磁选机，经磁选机回收的精矿返回合格介质桶，磁选尾矿作为 6mm 湿法脱泥的润湿水使用。

（3）煤泥水处理系统。

8

　　6mm 湿法筛分筛下煤泥水先经过 2mm 弧形筛分级脱水，筛上进入末煤离心机脱水，脱水后作为洗混煤。弧形筛下煤泥水进入水力分级旋流器分级，旋流器底流经弧形筛、煤泥离心机脱水后作为洗混煤，旋流器溢流进入浓缩机浓缩；弧形筛筛下水、离心机离心液返回旋流器。

　　浓缩机底流经加压过滤机或压滤机回收煤泥，作为洗混煤，浓缩机溢流作为循环水重复使用；加压过滤机和压滤机滤液返回浓缩机。

　　原煤全部入洗，最终产品平衡表见表 2-1。

表 2-1　最终产品平衡表

产品名称		数　　量				质　　量		
		γ/%	t/h	t/d	Mt/a	A_d/%	M_t/%	$Q_{net,ar}$/(kcal/kg)
洗大块(150~80mm)		18.39	208.98	3343.64	1.10	7.66	21.50	5125.74
洗混中块(80~30mm)		17.40	197.73	3163.68	1.04	7.62	21.50	5128.32
末精煤		14.93	169.67	2714.77	0.90	7.98	22.00	5077.23
混末煤	末原煤(-8mm)	24.87	282.61	4521.82	1.49	18.86	20.80	4462.62
	末煤(-6mm)	6.35	72.20	1155.27	0.38	18.08	22.00	4443.19
	粗煤泥	3.57	40.62	649.90	0.21	17.84	24.00	4344.68
	细煤泥	2.73	31.02	496.31	0.16	21.77	30.00	3756.55
	小计	37.53	426.46	6823.31	2.25	18.84	22.06	4391.99
矸石		11.75	133.53	2136.43	0.71	83.84	20.00	
原煤		100.00	1136.36	18181.82	6.00	20.85	20.50	4354.61

2.2.2.2 选煤厂各种仓储一览表(表 2-2)

表 2-2　红庆梁煤矿选煤厂仓储一览表

名　　称	形　　式	个数/个	容量/t	贮存时间	相对于入厂原煤的储存时间
原煤仓	φ25m 圆筒仓	2	30000	1.6d	1.6d
产品仓					
1. 混末煤仓	φ22m 圆筒仓	2	20000	2.9d	1.1d
2. 末精煤仓	φ22m 圆筒仓	1	10000	3.7d	0.5d
3. 洗混中块仓	φ18m 圆筒仓	4	20000	6.3d	1.1d
块煤、矸石仓					
1. 洗大块煤仓	7m×7m 方仓	10	3500	1d	3.1h

续表

名　　称	形　　式	个数/个	容量/t	贮存时间	相对于入厂原煤的储存时间
2. 矸石仓	7m×7m 方仓	4	1600	12h	1.4h
汽车装车仓	7m×7m 方仓	4	240		0.2h
原煤仓和产品仓合计			83500		

2.2.2.3　选煤厂水平衡

根据红庆梁煤矿原煤全入洗情况下设计，其选煤厂系统水量平衡表如表2-3。

表2-3　选煤厂水量平衡表

项　　目		水量/(m³/h)	项　　目		水量/(m³/h)
进入系统水量	原煤带入水	293.02	排出系统水量	洗大块产品带走水	57.24
	补加清水	20.30		洗混中块产品带走水	54.15
				末精煤产品带走水	47.85
				矸石产品带走水	33.38
				混末煤产品带走水	120.70
	合计	313.32		合计	313.32
各循环作业水量	块煤脱泥用水	134.28	循环水返回量	浓缩机溢流	654.70
	块精煤脱介用水	324.00		补加清水	20.30
	块矸石脱介用水	216.00			
	合介桶补加水	0.71			
	合计	675.00			675.00
吨煤水耗/(m³/h)			0.10		

2.2.2.4　产品流向

井田内煤炭为低灰~中灰、特低硫、低硫、中~高热值的不黏煤及长焰煤。洗选后的产品煤主要作动力煤，也可作化工用煤，产品结构及用途如下：

优质动力煤：-50mm，$Q_{net,ar} \geqslant 5000kcal/kg$，供区外电厂。

普通动力煤：-50mm，供化工厂或区内电厂。

洗大块：150~80mm，供民用或气化。

洗混中块：80~30mm，供民用或气化。

精煤：-30mm，$A_d \leq 10\%$，化工用煤。

矸石：战略化封存，待将来工艺成熟高值化利用。

2.2.3 项目给排水

（1）用水量。

矿井及选煤厂总用水量为5593.76m³/d（夏季为5646.76m³/d）。其中工业场地生活用水量为1324.82m³/d（夏季为1112.82m³/d），道路防尘、冲洗用水和厂区绿化浇洒用水量为290m³/d（夏季为555m³/d），井下洒水用水量为1936.84m³/d，黄泥灌浆站用水量为642.1m³/d。选煤厂生产补充用水量为1400m³/d。用水量计算见表2-4。

工业场地最大一次消防用水量室外消防水量为40L/s，室内消防水量为30L/s，喷淋用水量为16L/s，火灾延续时间按3h计（喷淋按1h计），一次火灾最大消防用水量为813.6m³（表2-4）。

（2）供水水源。

① 生活饮用水采用自打水井，设水源井3座，2用1备，水源井供水能力1600m³/d。

② 选煤厂生产补充用水采用处理后的生活污水，不足部分由处理后矿井水补充。

③ 部分矿井水直接回用于黄泥灌浆站生产用水。

④ 处理后的矿井水根据不同处理深度分别回用于井下消防洒水、选煤生产补充水、道路防尘、冲洗用水和厂区绿化浇洒用水以及工业场地生活用水（饮用水除外）。

表2-4 红庆梁矿井用水量表

序号	用水项目	用水量			备 注
		最高日/（m³/d）	最大时/（m³/h）	小时系数 ki	
一	日用水量	1279.8	210.43		
1	生活用水量	57.70	5.98	2.5	8h
2	食堂用水	57.70	7.21	1.5	12h
3	浴室用水	442.08	135.46		
	淋浴	362.88	120.96	1	1h
	洗脸盆	7.80	2.60	1	1h

序号	用水项目	用水量			备　注
		最高日/（m³/d）	最大时/（m³/h）	小时系数 ki	
	池浴	71.40	11.90		
4	洗衣房用水	112.68	14.09	1.5	$G=1.5kg$/套，12h
5	锅炉房用水量	255.00	12.75		包括脱硫除尘补充用水
6	单身公寓	186.36	19.41	2.5	
	小计	1066.52	192.65		
7	未预计用水量	213.30	17.78	2	1~6 项和的 20%
二	中水	555.00	81.25		
1	绿化用水量	250.80	41.80		
2	道路浇洒用水量	124.20	20.70		
3	冲洗用水	180.00	18.75	2.5	
三	黄泥灌浆用水量	642.10	116.00		
四	选煤生产补充水	1400.00	109.4		
五	井下洒水用水量	1936.84	198.59		
六	消防补水量	406.80	16.95		48h 补水
七	消防用水	813.60	309.60		消火栓 3h、水幕 1h

（3）排水。

① 井下排水。

矿井初期正常排水量为 $330m^3$/h（$7920m^3$/d），后期正常排水量为 $567.7m^3$/h（$13624m^3$/d），包括井下消防洒水、黄泥灌浆析出水量。井下排水一部分由回风立井排至风井场地，回用于黄泥灌浆用水；剩余部分由主斜井排至地面，进入矿井水处理站，矿井水处理站处理能力按 $800m^3$/h 设计，初期处理规模 $8000m^3$/d，经混凝、沉淀、气浮、消毒、纳滤不同深度处理后分别用作生活用水（饮用水除外）、井下消防洒水、道路洒水以及场地绿化用水等，剩余部分外排。

② 生活污水。

工业场地生活污水排放量为 $966m^3$/d，来源于浴室、洗衣房、食堂及单身公寓等处。在工业场地建生活污水处理站一座，处理能力 $80m^3$/h（处理规模 $1200m^3$/d）。生活污水经二级生化及深度处理达标后全部回用于选煤厂生产补充水，不外排。

风井场地少量生活污水经化粪池处理后，用于场地绿化，不外排。

③ 选煤厂煤泥水。

选煤厂洗煤水采用浓缩、压滤处理后回用,能够达到一级闭路循环要求,煤泥水不外排。

2.2.4 采暖、供热

工业场地采暖、供热和井筒防冻的热源均来自工业场地锅炉房。选用 3 台 SZL14-1.15-110/70 型(相当于 20t/h 蒸发量)和 1 台 SZL7-1.15-110/70 型(相当于 10t/h 蒸发量)高温热水链条锅炉,采暖季锅炉全部运行,非采暖季运行 1 台 SZL7-1.15-110/70(相当于 10t/h 蒸发量)锅炉。锅炉燃用本矿原煤。

2.2.5 供电

设计在红庆梁矿井工业场地新建 110/10kV 变电所 1 座。变电所的一回 110kV 电源引自拟建的东胜万利 220kV 变电站,输电线路为 LGJ-240/45km。另一回 110kV 电源引自高头窑 110kV 变电所,输电线路为 LGJ-240/8.6km。

第 3 章　煤矿开采对生态环境的影响

井工煤矿开采过程对生态环境的影响主要表现为两方面，一是生产过程中排放的废气、废水、废渣排放对生态的影响，如锅炉烟气、储煤场扬尘、煤炭加工粉尘、矿井水、煤矸石等；二是煤炭开采对土地资源占用等引起的地表沉陷对生态环境的直接破坏，如煤矿采空区塌陷对植被的影响。

3.1　对生态环境的影响

井工煤矿开采没有采掘场和排土场，永久占地主要为工业场地和附属设施，占地面积相对矿区面积较小。对生态环境的影响主要为地表沉陷对植被的影响。主要表现在：使草地产生裂缝，土壤结构变松，涵水抗蚀性降低，增加土壤侵蚀程度，降低土地生产能力。滑坡、地表裂缝造成的植被压埋，涵水抗蚀性降低等造成的植被覆盖率降低。井工煤矿开采地表沉陷可通过对矿井重要生态区域或建筑物留设保护煤柱的措施，防止塌陷。对地表移动变形期间可能发生裂缝和突然塌陷等地质灾害的区域加强巡视，及时发现问题并采取填堵裂缝以及塌陷坑填充压实等治理措施，并及时植草且设置围栏，使其尽快恢复草原植被。

3.2　对地下水资源的影响

井工煤矿开采对地下含水层的影响主要是因为煤炭开采后煤层顶板发生垮落，形成垮落带和裂缝带，从而使含水层遭到破坏，导致地下水漏失，水位下降，并间接对与被破坏含水层有水力联系的其他含水层产生影响。含水层地破坏程度取决于覆岩破坏形成的导水裂缝带高度。因此，导水裂隙带以上的含水层以及与被破坏含水层没有水力联系的含水层不会受到煤炭开采的影响。

3.3　对大气环境的影响

井工矿建设期环境空气产生的影响主要是来自施工扬尘。主要是土建施工阶段扬尘。按起尘的原因可分为风力起尘和动力起尘，其中风力起尘主要是由于露天堆放的建材及裸露的施工区表层浮尘因天气干燥及大风，产生风力扬尘；而动力起尘，主要是在建材的装卸、搅拌过程中，由于外力而产生的尘粒再悬浮而造成，其中施工及装卸车辆造成的扬尘最为严重，占总扬尘的60%上。运营期环境空气污染源主要有：燃煤锅炉产生烟气、原煤储运产生粉尘。影响范围较小。

3.4 地质灾害的影响

井工煤矿开采井田区域内的地质灾害主要表现在滑坡、陡坡坍塌等。草原地形简单，井工煤矿开采造成地表沉陷引起滑坡、陡坡坍塌等地质灾害的可能性较小。在井下开采过程中，应按照地质灾害评价报告的结论，避免因井下开采而带来的地质灾害。

3.5 对土地复垦的影响

井工煤矿开采对土壤的破坏主要表现为土壤水渍（积水）、土壤盐渍化和土壤侵蚀三个方面。水渍是指由于地下采煤造成的地表沉陷引起的地表积水，或土壤含水量长时间超过正常范围，从而使土壤生产力丧失或降低，水渍在高潜水位地区尤其严重。在采煤沉陷积水区的边缘，坡地的下部，地下水位高，有充足的水分供应，地下水不断地沿毛管上升至地表蒸发掉，很容易造成土壤表层的盐分累积，导致土壤的盐渍化。土壤的盐渍化影响植物的正常生长环境，构成了对土壤的破坏。由于沉陷地呈盆地状，原先平整的地表大部分成为坡地，径流挟带土壤颗粒及溶解物质向沉陷地中心运移，从而产生了土壤侵蚀问题。另外由于沉陷盆地边缘存在裂缝，裂缝边缘及其周围的土壤也会在水力和重力作用下进入裂缝深处，形成土壤侵蚀。对草原生态系统来说，这种地表沉陷造成的影响相对露天矿较小，可通过人工种植植被来复垦。塌陷地的积水可以改善周围的生态环境，减轻草原沙化。

第4章 研究内容

针对西北地区井工煤矿快速发展与开采过程中对井田及周边地区造成的生态破坏、地表沉陷、煤矸石堆放、生产废水废气排放等引发的系列生态环境问题，将绿色发展理念贯穿于矿产资源规划、勘查、开发利用与保护全过程，解决我国西北地区井工煤矿开发开展区域特点显著条件下高矿化度矿井水高效稳定处理关键技术及资源化利用、矸石综合处置及资源化利用、煤矿开发对地下水环境影响及污染防治技术措施、煤矿开发对地表沉陷的影响及生态修复综合治理技术、煤矿废气综合治理关键技术及井工煤矿生态环境保护智慧化管理与决策支持系统构建等方面共性关键技术问题，并根据区域的自然环境、气候条件和地理特性等特点，结合煤矿开发企业的生态环境保护需求，提出西北地区井工煤矿开发生态环境综合治理及保护示范区建设模式。

第二篇

矿井水处理与资源化利用关键技术应用

第1章 矿井水处理国内外研究进展

1.1 国外矿井水处理与利用现状

国外主要产煤国家对矿井水资源化的研究起步较早，取得了较多成果。不少国家对矿井水进行适当处理后，一部分达到排放标准而排入地表水系，另一部分水量回用于洗煤厂工业给水和矿井生产。例如，美国煤矿产生大量的酸性矿井水，早期采用措施有实施矿坑封闭，防止硫化物与空气接触，抑制酸性矿井水的形成，减少矿坑水的外溢量，同时封存污染水，酸性矿井水稀释后排放。

目前，采用效果更好的中和法与预曝气法结合工艺，研制了抑制铁氧化细菌活性的表面活性剂来抑制铁氧化细菌的生长，采用人工湿地法等处理酸性矿井水，矿井水利用率达到81%。日本矿井水部分用于洗煤，其余大部分矿井水经沉淀处理去除悬浮物后排入地表水系。对矿井水处理采用的技术包括液分离技术、中和法、氧化处理、还原法、离子交换法等。

英国煤矿年排水量 $3.6×10^8 t$，其中15%作工业用水，85%排放到地表水系。英国矿井水处理主要解决了对含悬浮物的矿井水进行沉淀处理、对矿井水中铁化合物的去除以及对矿井水中溶解盐的去除三大问题，并且通过化学试剂中和处理以及反渗透、冻结法进行脱盐处理。

前苏联煤田开采外排水 $2.3×10^9 m^3/a$，矿井水通过中和法、沉淀、絮凝、砂滤或浮选等方法进行处理，处理后用于开采作业或加氯消毒后作生活用水。原苏联顿巴斯矿区1985年矿井水利用率超过90%，主要用途是直接疏干井下水。

20世纪70年代开始，德国的莱茵褐煤矿和希腊南部的米加罗波里褐煤矿，利用大量的潜水电泵，在煤矿井地下水补给边界处强排，排出的地下水直接通过管道输送至电厂，供其发电之用。

20世纪80年代匈牙利外多瑙河煤矿和铝土矿把矿井的排水直接卖给城市供水部门作为当地人们的生活饮用水。这些煤矿仅依靠经营矿井排水这一项伴生矿产资源，就获得了十分可观的经济效益。

国外煤矿山的排供结合思路非常简单，但十分有效。购置大量的潜水电泵，在矿区地面实行强排，疏干主采煤层的直接充水含水层组，在解除水患危险后，开始进行大规模机械化采煤作业。在矿区地面直接排水，避免了地下水流入矿井被污染这个环节，地面排放水的水质优良，无需或稍加处理便可以直接通过各种不同的输水管道卖给不同的需水用户，然后按照不同的供水用户和输送距离的长短等指标收取水费。因此，国外煤矿矿井排水不是一种负担，而是作为获利的一种手段。

1.2 我国矿井水利用现状

虽然我国矿井水综合利用起步较晚，但就目前来说，随着各矿区水资源的紧张，许多矿区都进行了不同程度的水资源综合利用工作。

矿井水不经处理直接利用的前提条件是矿井水中不含有毒有害元素(或含有少量但不超过外排标准)，只是悬浮物、细菌指标超标。有些矿区根据自己矿井水的特点，采用"清浊分流"的办法，清水单独抽取至地面，可以直接作为工业、生活用水，有的煤矿还从井下涌水中发现了矿泉水，成为矿上的聚宝盆。但是这种利用方式也受条件限制，首先分流的清水必须达到饮用标准；其次，清水的水源必须稳定。防止水源突然干涸，不仅浪费投资，还给供水造成了被动。直接利用主要用于井下灌浆用水和其他对水质要求不高的工艺中。

矿井水经过常规的混凝、沉淀、过滤处理，或供工业生产或饮用或外排。矿井水中也必须不含有毒有害元素(或含量低于饮用标准)，pH 值接近中性，含盐量也不得过高。缺水地区经过处理后作为饮用水或工业用水，不缺水地区根据相应的排放标准后排放。我国煤矿的水厂在设计时需要考虑处理到饮用水的标准，造成大量的资金积压和设备闲置浪费。

矿井水必须首先进行特殊处理，才能进一步通过常规处理净化为工业或饮用水。这种处理模式主要应用于酸性矿井水的处理。酸性矿井水在我国分布较广，而且酸性矿井水危害较大，必须经过处理才能排放。

另一种资源化利用的矿井水为高矿化度矿井水，只有少数几种工业用水能直接用高矿化度水，大多数的利用方向必须经脱盐处理。脱盐处理之前必须经过常规处理去除大部分除盐之外的污染物，才能进入脱盐设备。由于脱盐设备造价较高，运行费用也高，所以脱盐工序只在淡水缺乏的矿区得到了应用。

随着经济增长和人民环保意识的提高，许多煤矿已将矿井水处理利用作为重点指标纳入考核体系和生产建设计划之中，加大投资力度，科研人员研究开发了多种合理可行的煤矿废水处理利用技术，特别是在煤矿矿井水处理利用上发展较快。矿井水资源化的意义重大，它既可以使污水变废为宝，缓解矿区供排水矛盾；又可以防止由于矿井水的直接外排所造成的环境污染，保护了生态环境。资源化的矿井水与地下水供水工程相比，不但能节省地下水资源费、提水费以及超标排污费，而且还能为选煤厂闭路循环回收煤泥，节约土地复垦征地费，创造农林产值等，其经济效益十分可观。

第 2 章　矿井水的性质

2.1　矿井水的分类

矿井水通常是指煤炭开采过程中所有渗入井下采掘空间的水。矿井水来自地下水系，同属水资源，是在生产开凿过程中从岩层涌出，在未经污染前是清洁水，水量的大小取决于井下地质条件和生产方式。通常生产的煤水比为(1：0.5)~(1：5)，个别矿井高达 1：10 以上，日涌水量少则几千立方米，多则数万立方米。由于生产污染，矿井水变得色泽浑浊、悬浮物含量高，沉积量大，未经处理排放会对所流入的河流造成严重污染。污染物以煤粉和岩粉为主，主要污染物为 SS、COD 和石油类等，浓度分别为 300mg/L、50mg/L 和 3mg/L。据不完全统计，在采煤过程中，全国煤矿年排矿井水约 $22×10^8m^3$，平均吨煤涌水量约为 $4m^3$。

矿井水的成分主要受地质年代、地质构造、煤系伴生矿物成分、环境条件等因素的影响，受开拓及采煤影响。

根据矿井水的特点，大致可分为以下五种类型。

(1) 干净矿井水。

干净矿井水未被污染的干净地下水，一般是指来自石炭系和奥陶系灰岩水、砂岩裂隙水、第四系冲击层水和老空水。这类矿井水水质相对较好，一般情况下pH 值呈中性，低矿化度，不含有毒、有害离子(或者其含量低于相关标准值)，低浑浊度，基本符合生活饮用水标准，有的含多种微量元素，可开发为矿泉水。该类矿井水基本不含悬浮物，其各项水质指标均符合国际《生活饮用水卫生标准》。只要在源头上妥善节流，通过井下单独布置的排水管道将其排出，稍加处理或消毒即可回收利用。

干净矿井水水质取决于含水层的水质。河南平煤集团主采煤层为丙、丁、戊、己、庚 5 个煤层。地下水主要赋存于第四系砂砾含水层、石炭系灰岩和古近系灰岩含水层，且与寒武系岩层有密切水力联系，裂隙溶洞发育，水量丰富，年涌水量达 48Mt 以上，水质较好，可作为洁净水水源(表 2-1)。

表 2-1 河南平顶山矿区未受污染的矿井水水质指标情况表

主要水质指标	矿井水	生活饮用水卫生标准(GB5749—2006)
pH 值	6.5~8.0	不小于6.5且不大于8.5
总硬度/(mg/L)	<450	<450
总碱度/(mg/L)	<300	(<350)
挥发酚类(以苯酚计)/(mg/L)	<0.002	<0.002
氟化物/(mg/L)	<1.0	<1.0
铜/(mg/L)	<0.2	<1.0
铅/(mg/L)	<0.02	<0.01
铬(六价)/(mg//L)	<0.02	<0.05
砷/(mg/L)	<0.03	<0.01

（2）含悬浮物矿井水。

含悬浮物矿井水(也称"高悬浮物矿井水")，系指除感官性状指标和微生物指标外，其余各项指标均符合相关标准的矿井水，其水量约占我国北方部分重点国有煤矿矿井涌水量的60%。含悬浮物矿井水的主要污染物来自矿井水流经采掘工作面时带入的煤粒、煤粉、岩粒、岩粉等悬浮物(SS)，所以这类矿井水中含有较多的固体悬浮物。经调查发现，在我国北方一些矿区，如平顶山、焦作、开滦、峰峰、郑州、邯郸及华东、东北的大部分矿井的外排矿井水均属含悬浮物矿井水。

这类矿井水多显灰黑色并有一定的异味，浑浊度也比较高，景观性状和感官性状都较差。长期外排，会使污染河流、淤塞河道，影响水生生物及农作物的生长。水质呈中性，全盐量小于1000mg/L，金属离子浓度为微量或未检出，不含有毒离子。通常情况下，矿井水在井下水仓中停4~8h，经自然沉淀后较粗的煤、岩颗粒被沉淀下来，因此留在矿井水中的悬浮物颗粒都是比较细的。矿井水中悬浮物以煤粉为主，颗粒物的平均相对密度约为 $1.3~1.5g/cm^3$，仅为泥沙类密度的1/2。含悬浮物矿井水的另一个水质特征是细菌含量较多，主要来自井下作业人员的生活、生产活动。

以焦作矿区为例，其为全国著名的大水矿区，年排水量150Mt，利用率为23%；矿井水主要来源于第四系冲洪空隙含水层、二叠系砂页岩裂隙含水层、石炭系薄层灰岩裂隙岩溶含水层和奥陶系灰岩岩溶含水层。矿井水流经采煤工作面后，带入大量的煤粉、岩粒等悬浮物；同时受井下作业人员的生产活动和生活影响，矿井水中往往含有较多的菌群。为含悬浮物矿井水。而焦作市人均水资源占用量不足 500m³，按国际标准划分为严重缺水地区。水资源短缺和水环境恶化已经成为制约焦作市经济和社会可持续发展的重要因素（表 2-2）。

表 2-2　焦作九里山矿矿井水超标项目一览表

超标项目	浑浊度/NTU	锰/（mg/L）	铜/（mg/L）	总大肠菌群/（CFU/100mL）
矿井水中的含量	140	0.12	3.10	84
《生活饮用水卫生标准》（GB 5749—2006）限值	<1(<3)	<0.1	<0.1	不得检出

（3）高矿化度矿井水。

高矿化度矿井水是指水中溶解性总固体（全盐量）大于 1000mg/L 的矿井水。据不完全统计，我国煤矿高矿化度矿井水的全盐量一般为 1000~3000mg/L，少量达 4000mg/L 以上。这类水主要分布在西北地区、黄淮海平原和东北、华北部分地区，水中含盐量高而不宜饮用。水中含有 SO_4^{2-}、Cl^-、Ca^{2+}、K^+、Na^+、HCO_3^- 等离子，水质多数呈中性和偏碱性，带苦涩味，俗称苦咸水。又可分为微咸水、盐水。不能直接作农业用水和生活用水。

产生高矿化度矿井水是由于我国部分地区降雨量少，蒸发量大，气候干旱，蒸发浓缩强烈，而地层中盐分增高，地下水补给、径流、排泄条件差，使地下水本身矿化度较高，所以矿井水的矿化度也高；当煤系地层中含有大量碳酸盐类岩层及硫酸盐薄层时，矿井水随煤层开采，与地下水广泛接触，加剧可溶性矿物溶解，使矿井水中的 Ca^{2+}、Mg^{2+}、SO_4^{2-}、HCO_3^-、CO_3^{2-} 增加；当开采高硫煤层时因硫化物气化产生游离酸，游离酸再同碳酸盐矿物、碱性物质发生中和反应，使矿井水中 Ca^{2+}、Mg^{2+}、SO_4^{2-} 等离子增加；有些地区是由于地下咸水侵入煤田，使矿井水呈高矿化度水。

高矿化度矿井水如果不经过处理就直接排放，会给生态环境带来一定的危害。主要表现为河流水含盐量上升、浅层地下水位抬高、土壤滋生盐碱化、不耐盐碱类林木种势削弱，农作物减产等。同时还影响地区的工业生产，因为许多工业生产不能用高含盐量的水，若用则必须先降低水中含盐量，这样就会增加成本。若是不用而改用地下水，会造成地下水的大量开采，造成地下水资源的短缺，会严重影响本区的经济发展。

高矿化度矿井水不仅全盐量高，而且总硬度往往也较高。其中，高硫酸盐硬度矿井水分布范围较广，西北、华北、东北、华东等地区都有存在。该类矿井水主要是由水中硫酸根和钙离子、镁离子等结合而形成的一种高矿化度矿井水，其主要水质特点是硫酸盐、总硬度和全盐量较高（表 2-3）。

表2-3　我国部分矿区高硫酸盐硬度矿井水的水质分析

序号	pH 值	总硬度/ (mg/L)	溶解性总 固体/(mg/L)	CO_3^{2-}/ (mg/L)	SO_4^{2-}/ (mg/L)	Ga^{2+}/ (mg/L)	Mg^{2+}/ (mg/L)
1	7.36	1513	2378		1531		
2	7.43	1431	2611		1624		
3	4.94	2305	4635		1085		
4	7.33	1364	2365		1310		
5	7.70	1056.37			1078.12	283.35	84.69
6	3.00	1880			1190	380	226
7		588.9	1517.0		667.5	121.3	38.2

从表2-3可以看出以下特点：

① 硫酸盐含量高。高硫酸盐硬度矿井水来源于深层地下水，由于高硫煤矿区的煤和煤矸石中的硫含量高，经过复杂的化学作用后即会造成该类型矿井水的硫酸盐含量高，一般在300~1600mg/L之间，最高可达2000mg/L。

② 总硬度含量高。对应高硫酸盐硬度矿井水，总硬度和钙的含量亦很高，一般高于《生活饮用水卫生标准》限值的2~3倍。

③ 全盐量高。高硫酸盐硬度矿井水的全盐量普遍较高，一般在1500~5000mg/L。

（4）酸性矿井水。

酸性矿井水pH值小于5.5，地下水流经煤矿区煤系底层时，由于硫在氧化环境中被氧化溶解于地下水中，使得水中的SO_4^{2-}含量增高，成为地下水中的主要阴离子，阳离子主要为H^+和Fe^{2+}、Fe^{3+}、Mn^{2+}等金属离子。当煤层及其围岩中含有黄铁矿时，由于地下水中的氧化物的氧化作用，使得黄铁矿被氧化。

由于酸性矿井水中高含量的SO_4^{2-}、Fe^{2+}、Fe^{3+}、Mn^{2+}等离子，当含水层之间发生水力联系时，会对其他含水层的地下水造成严重的污染。地下水一经污染很难恢复，所以由此造成的后果尤为严重。酸性矿井水未经处理直接排出，进入地表水体以后，会造成水质恶化。由于Fe^{2+}的作用使得水体中氧的消耗量显著增加，造成鱼类、浮游生物、藻类等大量死亡。Fe^{3+}结合OH^-生成$Fe(OH)_3$红褐色沉淀，使得水体底部以及两岸呈现红色，影响美观。酸性矿井水具有强烈的腐蚀作用，矿山排水设备、钢轨以及其他附属设备等被不断腐蚀，降低了使用寿命，增加了工程建设成本。此外，酸性矿井水还使钢筋混凝土结构疏松，受压受拉强度降低，影响煤矿开采的安全。在地下，由于矿工长期接触酸性矿井水，会腐蚀身体皮肤，造成手脚开裂等，影响身体健康。未经处理的酸性矿井水被排出后，进入地表水体，当这部分水体被作为灌溉用水进入农田时，破坏土壤结构，使得土壤板结，抑制了农作物的生长，严重时会造成农作物大面积的死亡，造成粮食减产。

在我国各成煤年代地层单位中以石炭系太原组煤层和上二叠统乐平组煤层的平均含硫量为最高，前者为 3.5%，后者为 4.43%。长江以南乐平组煤层分别占各省区全部含煤量的 50%~90%，煤中含硫量达 2%~9%。硫成分分析表明，硫铁矿硫占全硫的 2/3 因此，我国西南和南方部分矿区许多煤矿矿井排水均为酸性矿井水，pH 值介于 2.3~5.7 之间。在西北和北方部分矿区（如陕西、宁夏、内蒙古、山东等省矿区），一些开采海陆交互相或浅海相沉积的石炭二叠系煤层的煤矿，因煤层含硫量高，其矿井排水往往呈酸性。乌达、铜川、枣庄、淄博、义马等北方矿区酸性矿井水比较普遍。

矿井开采时间越长，煤层含硫量越高，矿井水酸化的倾向性和程度越大。由于酸性矿井水对围岩有很强的侵蚀性，因此酸性矿井水还具有矿化度高，总硬度大的特点（表 2-4）。

表 2-4 汾西矿业集团某矿高盐和高铁酸性矿井水指标监测结果

项目	监测值	项目	监测值	项目	监测值
pH 值	2.63	Ga^{2+}/(mg/L)	400.8	$Fe^{3+}+Fe^{2+}$/(mg/L)	827.4
悬浮物/(mg/L)	59.0	Mg^{2+}/(mg/L)	272.2	Cl^-/(mg/L)	96.1
总硬度/(mg/L)	2122	Mn^{2+}/(mg/L)	3.300	SO_4^{2-}/(mg/L)	6397
溶解性总固体/(mg/L)	9175	Sr^{2+}/(mg/L)	0.302	NO_3^-/(mg/L)	25.5

（5）含特殊污染物矿井水。

含特殊污染物矿井水主要是指含有含微量元素或放射性元素等有毒有害污染物的矿井水。如放射性矿井水、高氟矿井水等，还有一些地区，因地质条件导致矿井水重金属超标。放射性矿井水形成原因是矿区所在地土壤和岩石具有一定的放射水平，煤炭开采破坏了原有的岩石结构，岩石裂隙增多，地下水经过岩石裂隙到煤系地层，导致矿井水具有放射性。影响矿井水放射性水平的因素比较复杂，除主要受煤层和周围岩层原声放射性核素含量决定外，还受水文地质条件、地下水的酸度、水中络合离子含量、岩石结构及水力联系等因素的影响。据对全国 90 个重点矿务局 254 个矿井水和 154 个深井水水样的总 α、总 β 天然放射性水平监测结果发现，有近 50% 矿区饮用水总 α 放射性指标超标，有的甚至超标数十倍之多。

目前，我国的东北、华北北部、淮南等矿区有些矿井的矿井水中含铁、锰离子较多。地下水中铁、锰多以二价形式存在，由于煤矿开采的影响，造成含铁锰矿井水又具有含铁锰地下水水质特点。含铁锰矿井水在我国北方地区占有一定的比例。以鹤壁矿区为例，大约有30%的矿井水为高矿化度铁锰矿井水(表2-5)。

表2-5 鹤壁煤业集团九矿矿井水水质和回用水水质指标

项目	pH 值	浊度/NTU	总硬度/(mg/L)	溶解性总固体/(mg/L)	总铁/(mg/L)	Fe^{2+}/(mg/L)	锰/(mg/L)	溶解氧/(mg/L)	COD/(mg/L)
矿井水的水质指标	7.48	159	888	1286	32.1	0	2.35	9.3	17.6
回用水的水质指标	6.0~9.0	5	450	1000	0.3	0.2	60		

注：回用水质指标是指《污水再生利用工程设计规范》(GB 50335—2002)中的再生水用作冷却水的水质控制指标。

2.2 矿井水的水质状况

从矿井水的污染源和污染机理分析可以看出，受污染的矿井水在感官性状上水体呈灰黑色、浑浊，水面浮有油膜并散发出少量腥臭、油腥味。其水质一般悬浮物、浑浊度、矿化度和色度较高，其耗氧量大，菌落总数和总大肠菌群增多。此外，铁、锰等金属以及挥发酚类、氟化物、氯化物、溶解性总固体等含量也较高(表2-6)。

表2-6 我国部分煤矿矿井水的水质参数

序号	项目	余宝山矿	洼里矿	赵各庄矿	大兴矿	阜新矿	生活饮用水卫生标准(GB 5749—2006)
1	色度/(铂钴色度单位)			<3	45	35	<15
2	浑浊度/NTU		850	<3	182	100	<1(特殊情况<3)
3	pH 值	8.57	8.35	7.0	8.5	8.5	>6.5 且<8.5
4	COD_{Mr}/(mg/L)	4.14	107.2				<3
5	总硬度(以 $CaCO_3$ 计)/(mg/L)	366.4	87.51	320.00	108.00	740.1	<450
6	铁/(mg/L)	0.62	0.23		0.71		<0.3
7	锰/(mg/L)			0.006	0.92		<0.1
8	铜/(mg/L)	0.017	0.0004	0.029	0.02		<1.0

续表

序号	项目	余宝山矿	洼里矿	赵各庄矿	大兴矿	阜新矿	生活饮用水卫生标准（GB 5749—2006）
9	锌/（mg/L）	0.001	0.12	0.072	0.36		<1.0
10	硫酸盐/（mg/L）	224.1		7.12	52.6	274	<250
11	氯化物/（mg/L）	33.79	930.1	81.53	211.13	1.6	<250
12	氟化物/（mg/L）	0.015	0.62	0.03	0.12		<1.0
13	硝酸盐(以 N 计)/（mg/L）	1.696		2.98	0.81		<10
14	溶解性总固体/（mg/L）	920			846.4	1364	<1000
15	菌落总数/（CFU/mL）	60	36000	150	1300	552	100
16	总大肠菌群/（CFU/100mL）	230	$4×10^6$	13	230000	160	不得检出

从矿井水的常规水化学指标测试结果看，我国各地由于含水层条件、地理和气候等条件的差异，矿井水的矿化度（全盐量，溶解性总固体）存在着显著的差别（表 2-7）。

表 2-7 我国部分煤矿矿井水的离子组成和全盐量

煤矿名称	pH	阳离子/（mg/L）			阴离子/（mg/L）				全盐量/（mg/L）
		K^++Na^+	Ca^{2+}	Mg^{2+}	SO_4^{2-}	HCO_3^-	Cl^-	F^-	
内蒙古公乌素矿	9.00	430.3	240.5	110.7	1026.3	421.6	412.7	1.20	2620.4
徐州张集矿	7.50	475.0	104.0	56.7	472.0	416.0	250.4	0.92	1785.0
淄博双沟矿	7.70	302.6	192.0	76.0	882.0	257.0	182.0	0.89	1898.0
淮北临涣矿	8.05	747.4	441.7	63.3	1589.6	320.3	213.0	2.31	3077.6
新汶泉沟矿	7.97	187.2	242.9	28.1	1094.5	98.8	107.7	2.92	2007.6
宁夏灵新矿	8.20	949.0	124.0	143.0	884.3	391.8	1193.6	0.80	3686.5
淮北海孜矿	8.51	647.5	78.6	41.0	1028.0	355.0	146.0	1.80	2162.0

缺水的西北和北方矿区往往排出高矿化度矿井水，陕、甘、宁、新、蒙、晋所属矿区以及两淮、徐州、新汶、抚顺、阜新等地煤矿的矿井水的矿化度大多在4~150g/L 之间。还有的矿区气候干旱，年蒸发量远大于降水量，地层中盐分较高，地下水矿化度亦相应增高；少数矿区处于海水与矿井水交汇分布区，因而使矿井水盐分增多。

第3章 红庆梁煤矿矿井水处理及资源化综合利用

3.1 矿井水利用的合理性

矿井水作为一种宝贵的水资源，对其进行有效处理回收并充分利用，有着很好的经济效益、环境效益和社会效益。传统的矿井水处理工艺是通过矿井的中央泵房将水仓中汇集的矿井水提升到地面矿井水处理站。采用絮凝、沉淀去除水中的煤、泥等浑浊物，通过气浮等工艺去除乳化油等悬浮物后作为生产用水使用。处理后的矿井水由于水质原因只能用于选煤厂生产用水和井下喷雾、除尘用，无法作为清水乃至生活饮用水使用，一方面矿井水使用不了，外排污染环境，另一方面清水不够用。这是目前作为缺水的西部矿井所面临的普遍问题。

3.2 红庆梁煤矿矿井水处理工艺流程及装置

针对本矿区的水质特征及处理后的回用范围，在工业场地建一座矿井水处理站。矿井水处理站处理能力按 $800m^3/h$ 设计，初期处理站处理能力 $400m^3/h$（处理规模 $8000m^3/d$）。处理工艺采用"混凝、沉淀、气浮、消毒、反渗透"处理工艺，依据"分质供水"原则，根据不同用途，对矿井水进行不同深度的处理。处理工艺简单说明如下：

① 矿井水从井下管道提升至矿井水处理站预沉淀池，经过预沉淀后，由一级提升泵送至高效沉淀器，加入絮凝剂及助凝剂后，经过高效沉淀器中的反应室、沉淀室絮凝沉淀，矿井水中悬浮的煤泥颗粒脱稳并形成絮凝体沉淀而去除，沉淀污泥通过电动排泥泵定时排至选煤厂的煤泥水处理系统统一处理回收；

② 溢流水自流入除油装置（气浮原理）去除靠重力沉淀或上浮难以去除的乳化油或者相对密度小于1的微小悬浮物，此时水质达到《煤炭工业矿井设计规范》第15.2.7条规定的水质标准、《城市杂用水水质》（GB/T 18920—2002）标准中的清洗道路、城市绿化标准；此时一部分打入选煤厂集中水池作为生产补充水

使用。

③ 另一部分经水泵提升至重力无阀过滤器，过滤后一部分流入消防水池消毒处理，此时水质满足《井下消防、洒水水质标准》和《农田灌溉水质标准》（GB 5084—2005）要求。

④ 另一部分流入回用水池进行深度处理，经泵提升至活性炭过滤器，通过活性炭的吸附作用，去除水中残留的胶体及有机物。经过反渗透装置进行处理，最终经加氯消毒后达到生活用水标准进入日用消防水池和生态水池作为清水使用。

3.3　红庆梁煤矿矿井水处理效果分析

经过模块化矿井水处理系统处理后水质变化情况如表2-8所示。

表2-8　矿井水处理过程中水质变化

指标	pH 值	BOD$_5$/（mg/L）	溶解性总固体	铁/（mg/L）	SS/（mg/L）	COD/（mg/L）	矿化度/（mg/L）	总硬度/（mg/L）
入口	8.96	25.65	2296.5	0.125	24.5	60.5	2174.5	29
出口	7.56	3.65	408.5	0.03	21	9	340.5	20.5
去除率/%		85.77	82.21	76	14.29	85.10	84.34	29.31

指标	锰/（mg/L）	氯化物/（mg/L）	氨氮/（mg/L）	砷/（mg/L）	石油类/（mg/L）	挥发酚/（mg/L）	硫化物/（mg/L）	*氟化物/（mg/L）
入口	0.055	739	0.1905	0.00085	0.4	0.0003	0.005	2.33
出口	0.01	208	0.845	0.0003	0.27	0.0003	0.005	0.426
去除率/%	81.82	71.85	−343.57	64.71	32.50	0.00	0.00	81.72
备注	加"L"为未检出或低于检出限数据							

经处理后，水中 COD、BOD$_5$、氨氮等含量有明显的降低，本研究选取矿井进水和出水两个工段的矿井水进行分析研究

此外，从表2-8分析结果看出，矿井水中溶解性总固体（TDS$_1$）和矿化度（TDS$_2$）含量较高，其次为氯化物，同时也检测出氨氮、氟化物、硫化物等。模块化处理后水 COD 降低明显，达到 85.1%，处理前后的物质种类变化不大。含量较多的 TDS$_1$ 和 TDS$_2$ 在此过程得到有效的降解，说明处理后的矿井水属于低矿化度的水资源，能够充分地利用于井下灌浆用水、锅炉补充水、锅炉循环冷却用水、施工用水等方面。

3.4 红庆梁煤矿矿井水水质综合利用可行性分析

目前矿井水综合利用途径主要有生产用水和生活用水两种，其中生产用水又分为工业生产用水和农业生产用水。生产用水对水质要求不高，一般矿井水经简单净化处理即可满足要求。矿井水作为生产用水时，主要用于井下灌浆、消防、采掘机械等用水；矿区绿化、道路洒水；锅炉补充水；矿区建筑中水；洗煤厂补充水和热电厂循环冷却用水；施工用水。

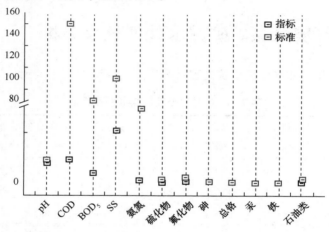

图 2-1 红庆梁煤矿矿井水水质可用性对比

根据图 2-1 中红庆梁煤矿进出口矿井水水质特点，大部分属于洁净矿井水，少量的矿井水属于高矿化度的矿井水。采样少，应分步采样化验说明。

当矿井水用于洗煤黄泥灌浆的用水时，对于矿区的悬浮物矿井水，不经过处理或者经过简单的沉淀处理后即可达到洗煤用水及黄泥灌浆用水水质标准，即这部分矿井水作为洗煤用水和黄泥灌浆的用水是可行的；

当矿井水用于井下消防、降尘洒水、厂区绿化、道路及储煤场降尘洒水、洗煤用水时，对于矿区的悬浮矿井水除需进行简单的沉淀处理外，还需进行混凝、沉淀、消毒处理。处理后，BOD_5 含量大大降低，总大肠菌数降低，用于井下消防、降尘洒水、厂区绿化、道路及储煤场降尘洒水、洗煤用水是可行的。对于高矿化度的矿井水，用于井下消防、降尘洒水、厂区绿化、道路及储煤场降尘洒水、洗煤用水时，需要进一步的除盐处理，其是否可行决定于处理成本，而红庆梁煤矿的矿井水经过处理后 BOD_5 含量、大肠菌数量以及矿化度大大降低，远低于规定的标准，故用于井下消防、降尘洒水、厂区绿化、道路及储煤场降尘洒水、洗煤用水是可行的。

当矿井水用于锅炉循环冷却用水时，对于悬浮矿井水除需要进行简单的沉淀中和处理外，还需进一步混凝、沉淀处理。处理后，其 BOD_5 大大降低，再经过除盐处理后用于锅炉循环冷却水是可行的。对于高矿化矿井水，由于处理成本太高，用于锅炉循环冷却水基本是不可行的，而红庆梁煤矿矿井水处理后，进一步采用反渗透处理，现有处理工艺下的矿井水用于锅炉循环冷却水是可行的。

当矿井水用于生活用水和灌溉用水时，通过对红庆梁煤矿矿井水的水质与生活用水标准、农业灌溉水质标准的对比，悬浮物矿井水若用于生活用水时，现有处理工艺可满足其标准，用于生活用水是可行的，而用于生活饮用水需要进一步的深度处理，同时还需要消毒处理，其是否可行，需要看当地的生活饮用水的短缺情况；处理后的矿井水满足农业灌溉用水的要求，故是可行的。

第4章　小　　结

　　针对红庆梁煤矿矿井水处理关键技术应用与资源化利用示范工程建设进行研究，深入分析了矿井水的特点及国内外研究进展，对红庆梁煤矿矿井水的各项指标及其采用的"混凝、沉淀、气浮、消毒、反渗透"处理工艺进行分析评价研究，并对矿井水回用地面用水和井下用水各方面的可行性评价，构建了水资源循环高效利用体系。

　　结果表明红庆梁煤矿进出口矿井水大部分属于洁净矿井水，少量的矿井水属于高矿化度的矿井水。(1)对于矿区的悬浮物矿井水，当其用于洗煤用水及黄泥灌浆用水时，不经过处理或者经过简单的沉淀处理后即可达到相关水质标准；当其用于锅炉循环冷却用水时，除需要进行简单的沉淀中和处理外，还需进一步混凝、沉淀处理即可达到相关水质标准；当其用于井下消防、降尘洒水、厂区绿化、道路及储煤场降尘洒水、洗煤用水时，除需进行简单的沉淀处理外，还需进行混凝、沉淀、消毒处理后即可达到相关水质标准；当其用于用于生活用水和农业灌溉用水时，现有红庆梁采用的"混凝、沉淀、气浮、消毒、反渗透"处理工艺处理后可满足其标准，而用于生活饮用水需要进一步的深度处理和消毒处理并针对当地生活饮用水的短缺情况而定。(2)对于高矿化度的矿井水，当用于锅炉循环冷却水、井下消防、降尘洒水、厂区绿化、道路及储煤场降尘洒水、洗煤用水时，经过红庆梁采用的"混凝、沉淀、气浮、消毒、反渗透"处理工艺处理后即可远远达到相关水质标准。

第三篇

矸石综合处理利用关键技术集成与示范

第1章 研究对象概况

　　煤矸石是煤炭开采、洗选加工过程中产生的废弃岩石。长期以来，煤矿矸石都被当作废弃物，堆积成山。我国是世界上最大的煤炭生产国和消费国，按照目前的煤矿生产条件，煤炭开采过程中的矸石排放量大约为原煤的 10%～15%[1]；煤炭洗选加工过程中矸石排放量大约为原煤入洗量的 12%～18%[2]。据不完全统计，目前全国历年累计堆放的煤矸石约为 4500Mt，规模较大的矸石山有 1600 多座，占用土地 15000ha 以上，而且堆积量每年还以 150～200Mt 的速度增加，其积存量和占地量已跃居全国工业废物之首[3]。

1.1　煤矸石的物理化学性质

　　煤矸石是无机质和少量有机质的混合物。其主要矿物构成有：高岭土、石英、蒙脱石、长石、伊利石、石灰石、硫化铁、氧化铝等。其化学成分主要是 SiO_2、Al_2O_3 和 C，其次是 Fe_2O_3、CaO、MgO、Na_2O、K_2O、SO_3、P_2O_5、N 和 H 等。此外，还常含有少量 Ti、V、Co 和 Ga 等金属元素。表 3-1 为全国不同地区煤矸石的化学元素组成，表 3-2 为依据化学成分的矸石分类情况。

表 3-1　不同地区煤矸石的化学元素组成　　　　　　　%

矸石状态	煤矿	Al_2O_3	SiO_2	Fe_2O_3	CaO	MgO	TiO_2	K_2O	Na_2O	LOI
新鲜煤矸石	云南峨山	27.51	55.19	2.79	0.47	0.64	0.82	3.13	0.19	9.26
	陕西地区	38.12	45.20	0.18	0.20	0.12	0.14	0.11	0.11	15.82
	内蒙古准格尔	37.56	45.55	0.23	0.44	0.43	0.37	0.21	0.16	15.30
	山西阳泉	39.05	44.78	0.45	0.66	0.44	0.05	0.15	0.10	14.32
	内蒙古大青山	37.62	46.35	0.53	0.33	0.09	0.98	0.08	0.03	13.99

续表

矸石状态	煤矿	Al$_2$O$_3$	SiO$_2$	Fe$_2$O$_3$	CaO	MgO	TiO$_2$	K$_2$O	Na$_2$O	LOI
新鲜煤矸石	陕西铜川	37.43	44.75	0.99	0.07	0.15	1.43	0.56	0.08	14.54
	山西霍州	27.37	49.09	1.95	1.79	0.13				
	山西石圪节	42.40	53.96	0.96	0.56	0.50	0.76	0.58	1.32	
	河南平顶山	28.21	50.50	2.38	1.32		1.09	1.98	0.81	13.71
	山西关帝	33.53	57.19	3.72	1.55	0.53	0.81	1.18		
	山东滕南	18.65	53.32	3.60	0.90	0.30		1.33	1.65	20.25
	辽宁阜新	17.50	58.02	1.09	1.69	2.09	0.61	3.34	0.60	15.07
	山东淄博	17.66	58.00	5.23	1.44	1.60		1.43	0.19	11.52
	山东新汶	21.03	51.65	6.86	1.27	1.33		1.69	0.30	
	云南宣威	22.93	55.05	5.83	1.47	0.54	0.97	3.22	0.24	9.75

表 3-2　煤矸石分类

主要化学成分	矸石的岩石类型	主要化学成分	矸石的岩石类型
SiO$_2$40%~70%，Al$_2$O$_3$15%~30%	黏土岩矸石	Al$_2$O$_3$>40%	铝质岩矸石
SiO$_2$>70%	砂岩矸石	CaO>30%	钙质岩矸石

1.2　煤矸石对环境的危害

（1）污染空气。

作为工业废渣的煤矸石，它的燃点相对比较低，其中含有很多可燃性物质，如果长期露天堆放，极容易发生自燃，由此产生的有害气体，给周围的环境带来很大的负面影响。在大风天气还会形成大量的粉尘，污染矿区及其周围的大气环境，危害人体健康。

（2）污染水体。

煤矸石对水体的污染是物理污染和化学污染。由于无法及时处理的煤矸石长期堆放在外，被雨水淋过之后，雨水便会携带着一些有毒元素进入水体，污染地表水甚至地下水。煤矸石矿物组分中的硫化物可与水和空气中的氧发生反应，继而产生酸性物质，这种酸性物质被雨水带入水体中，就会使水体呈酸性。

（3）污染土壤。

露天堆放的煤矸石，在风吹、日晒、雨淋、寒冻等风化作用下一些有毒的金属元素进入土壤，使土壤受到污染。

（4）地质灾害。

自然状态下，矸石堆的稳定坡度角是38°~40°，在超过这一坡度后，受到自然或人为活动影响，很容易形成泥石流、滑坡、崩塌等灾害。正在自燃的矸石山，一旦遇到水的渗入，极易造成爆险，危及居民生产和生活安全。

1.3　煤矸石资源化处理的意义

作为各种工业废渣中排放量最大、占地最多、污染环境较为严重的固体废弃物。大量的煤矸石不断堆积形成的矸石山，不仅直接占压土地，引发严重的土壤污染，威胁植被生长，同时在风化自燃过程中释放大量有毒气体和有害烟尘，造成矿区大气、水体及自然景观的污染，严重危害煤矿区的生态环境，影响人们的生活、生产和身心健康。有时还会引发一系列的社会问题，造成的经济损失难以估量。

煤矸石资源化利用和处置，对我国及内蒙古转变经济发展方式，应对全球气候变化，促进经济社会可持续发展具有重要的战略意义。《国家中长期科学和技术发展规划纲要（2006—2020）》中"生态脆弱区域生态系统功能的恢复重建"优先主题，内蒙古被确定为煤炭开发污染防治重点区域。因此，开展煤矿煤矸石资源化利用是打造绿色矿山的重要手段之一，不仅具有良好的经济效益和社会效益，同时对生态环境保护有很大贡献。

第2章　国内外煤矸石资源化利用现状

2.1　国外煤矸石综合利用现状

近年来，许多国家围绕这一问题，在治理污染、保护环境的同时，开展了有关煤矸石综合利用及综合治理的多层次、多领域的研究，取得了显著的成绩。首先，政府鼓励土地复垦。英国煤管局在 1970 年成立了煤矸石管理处，在国家拨款资助下有计划地进行土地恢复，占地面积约 $0.9 \times 10^8 m^2$ 的矸石山已有 $0.2 \times 10^8 m^2$ 进行了复田；波兰和匈牙利联合成立了海尔得克斯矸石利用公司，专门从事煤矸石处理和利用。其次，企业回收利用煤矸石资源的方式多样。俄罗斯除了作为充填材料及用于道路工程、生产建筑材料外，还针对含有机质 20%以上的煤矸石进行再利用生产有机矿物肥料；英国每年的煤矸石利用量约在 6~7Mt，大部分被用于公路、填坝以及用于制备标号较低的混凝土、预制混凝土砌块等。美国利用煤矸石最主要的途径是作为筑路材料，并且采用水力旋流器、重介质分选方式回收含煤量较高的煤炭。在德国煤矸石一部分利用风力充填井下采空区，另一部分通过加工筛选作为建筑材料。

2.2　国内煤矸石利用现状

据统计，2010 年我国煤炭产量 3240Mt，煤矸石产生量 594Mt，煤矸石累计堆积量已达 50 多亿吨。2017 年粉煤灰和煤矸石产量已超 1400Mt，煤矸石资源化利用势在必行。目前，国内煤矸石主要利用方式包括以下几种方式。

（1）煤矸石发电。

近年来，我国煤矸石发电发展很快，特别是煤泥和矸石发电创造了成功经验。2010 年，我国煤矸石电厂约消耗煤矸石等低热值煤 140Mt，相当于回收了40Mt 标准煤，减少占用土地约 $300 hm^2$，黑龙江鸡西滴道矸石电厂每年可综合利用煤矸石约 $6 \times 10^5 t$，发电量约为 $2.2 \times 10^8 kW \cdot h$。山西煤炭产业形成了煤矸石发电、电解铝、铝型材的产业链，取得了较好的经济效益。

（2）煤矸石制建筑材料水泥。

我国煤矸石已广泛应用到水泥生产中，河南义马煤业集团公司水泥厂采用煤矸石代替原料中的黏土生产水泥，掺入煤矸石后每吨熟料消耗的煤量由 475kg 降至 378kg，每年可节约煤用量约 11640t。

（3）煤矸石制化工肥料。

山西、甘肃等煤矿利用煤矸石制硫酸铝，只要煤矸石中的 Al_2O_3 含量达到 35% 以上即可用于制取硫酸铝，用煤矸石加工后的有机肥料，增加了土壤的透气度，形成农作物良好的生长环境，该技术值得推广和应用。

（4）煤矸石制砖。

未经自燃的矸石可用以配料制砖，并且可以利用其中所含有机物的自燃，从而节约能源，这种方法投资不大，方法简单，已广泛使用。

当煤矸石原料发热量及塑性指数适宜时，可用全煤矸石制砖。当煤矸石的发热量为 $1.67×10^6$J/kg（折合 400kcal/kg），塑性指数大于 4 时，宜采用全煤矸石制砖；当煤矸石发热量不超过 $2.93×10^6$J/kg（折合 700kcal/kg），而当地又无适宜的原料掺加时，也可采用全煤矸石制砖，但须采取低温长烧，因焙烧周期延长，产量降低；当煤矸石本身发热量超过 $2.93×10^6$J/kg（折合 700kcal/kg）时，不宜采用全煤矸石制砖。

红庆梁煤矿煤矸石原料其毒性指标均低于国家相关标准要求，属于一般固体废物，现在阶段红庆梁煤矿的煤矸石主要是填沟掩埋，未来可考虑制砖后可以民用。煤矸石化学成分、发热量等指标均在制砖合适范围内，符合煤矸石制烧结砖要求，发热量小于 700kcal/kg，采用全煤矸石制砖工艺。红庆梁煤矿产出的煤矸石具体化学成分含量见表 3-3。

表 3-3 煤矸石原料化学成分分析

化学成分	烧失量	SiO_2	Al_2O_3	Fe_2O_3	CaO	MgO	$(K+Na)_2O$	SO_3	发热量
含量/%	22.5	41.69	29.31	1.74	2.02	0.33	0.68	0.36	<700kcal/kg

全煤矸石制砖重点是原料破碎，破碎后的矸石颗粒对配对强度影响较大。有研究曾做过 45mm×45mm×45mm 的烧结试验，在 900~940℃ 的烧结温度下，颗粒小于 3.5mm 时，抗压强度为 14.78~16.53MPa；颗粒小于 0.25mm 时，抗压强度为 63.10~70.8MPa。单一的煤矸石制砖原料粉碎好后水分混合均匀这道工序比较重要，相对来说可以简化。因此，红庆梁煤矿生产工艺采用全煤矸石制砖、双级真空硬塑挤出、一次码烧工艺，热工设备选用干燥室和隧道窑，由自动码坯机码窑车，全线实现自动控制和监控。煤矸石制砖工艺流程如下：粉碎、加水混合、陈化、二次加水搅拌、轮碾、真空挤出成型、切码、干燥以及焙烧。

矸石制烧结砖主要由原料制备、原料陈化处理、成型及切码和干燥与焙烧四个阶段组成。煤矸石由装载机卸进板式给料机，通过粗碎锤式破碎机破碎后经高频电磁振动筛筛分，筛上料由皮带机送入细碎锤式破碎机进行再处理直到达到粒度要求；筛下料进入强力双轴搅拌机加水搅拌后由可逆移动式胶带机输送到陈化库。移动胶带机按一定规律将进料均匀地分布在密封陈化库中，经3天充分陈化后，选用液压多斗挖掘机出料，经陈化后的原料颗粒表面和内部性能更加均匀，提高了混合料的成型性能，对正常稳定生产起到重要作用。陈化后的混合料经箱式给料机进入双轴搅拌机搅拌，根据原料成型水分要求控制在14%~15%范围可二次加水，再进入真空硬塑挤出机挤出成型，成型泥条经切条机、切坯机、自动码坯机编组后码放到窑车上。码砖窑车经干燥窑干燥后进入焙烧隧道窑烧成成品，干燥窑热源来自焙烧窑余热，实现热能循环利用。

根据国家建材工业技术政策及目前市场情况，参照 GB 13544—2000《烧结多孔砖》、GB 13545—2003《烧结空心砖与空心砌块》等国家标准提倡的产品规格，红庆梁煤矿生产的煤矸石烧结砖体规格见表3-4。

表 3-4 煤矸石烧结砖产品规格

产品品种	外形尺寸/mm	孔洞率/%	按体积折标砖倍数	备注
承重多孔砖	240×115×90	<25	1.7	100%承重
非承重空心砖	240×115×240	<50	4.53	通过调整模具和切坯的推板尺寸，在保持设备和工艺不变的情况下，根据市场需求生产不同规格、花色非承重空心砖

未来红庆梁煤矿可参考该煤矸石制砖方案，通过硬塑挤出、一次码烧工艺生产烧结砖的工艺，选用国外先进技术的国产双级真空硬塑挤出机设备，生产处产品质量满足要求的制砖。矸石烧结砖厂设备完善工艺先进，为本地区黏土砖替代产品生产起到促进与示范作用。应用煤矸石制砖可减少占地面积，与同规模黏土砖厂相比，不仅可节约烧砖用煤，而且生产的多孔砖还具有强度高、保温节能、降低工程造价等特点，是节约能源、变废为宝、实现工业废渣综合资源化利用的重要途径，是建设绿色矿山的重要项目。

2.3 煤矸石井下置换回填

矸石充填是一种重要的复垦方式，利用煤矸石作用塌陷区充填原料，可大量地消耗煤矸石，这样可减少煤矸石对矿山环境的污染(占地、污染水源、污染大气、影响环境卫生等)。在充分利用矿区固体废物的同时，解决了塌陷地的复垦问题，因而具有一举多得的效果。煤矸石置换填充采煤是将填充处置煤矸石与"三下"采煤相结合的一种填充方式，相应进行的采煤活动称为矸石置换填充采煤。矸石置换填充的基本原理在于：在开采过程中不破坏上覆岩层的稳定结构，并保证剩余煤柱在出现塑性区扩展的情况下仍有一定核区存在，掘进采出煤炭后将矸石回填，并辅之以一定的密实手段，矸石充填体在巷道产生一定变形后，实现煤柱与充填体共同承担覆岩载荷。其实质是形成煤柱与充填体组成的二元承载结构。通俗来讲，是指利用矸石置换开采建筑物、工业场地、水体下的保护煤柱，其开采方式为在煤柱中先掘进矸石充填巷道进行采煤，然后依次对采出煤炭的巷道由内向外进行矸石填充(图3-1)。

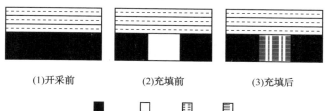

(1)开采前　　　　(2)充填前　　　　(3)充填后

■煤柱　□未充填巷道　▤顶板　▤充填后巷道

图3-1　充填体和煤柱二元承载结构

置换开采的总体思路是地面和井下迎头面的矸石分别经过井下一系列环节输送到胶带运输机上，再经过胶带运输机传送到矸石填充机，最后由矸石填充机将矸石抛填到采空巷道内。详见图3-2填充工艺系统流程。

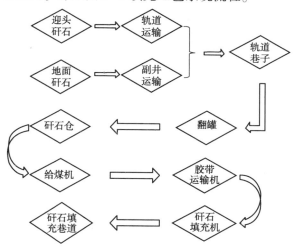

图3-2　填充工艺系统流程图

在巷道填充时，一般采用皮带运送的抛扬方式。填充过程中所用设备只有矸石输送机和矸石填充机为专用设备，其他环节使用的都是煤矿中常见工艺和设备，这些工艺和设备比较成熟。矸石输送机由胶带、托辊、驱动装置、机架、拉紧装置和清扫装置构成，其作为矸石填充采煤过程中承担自填充巷入口至矸石填充迎头的运输设备。矸石填充机由填充抛射皮带、行走部机构和回转工作台构成。

可伸缩带式输送机的机头布置在填充巷道外端，为受料端；填充部(机)布置在填充巷道内端，为卸料抛填端。矸石由矸石仓给料机装载到皮带机机头受料处，再由输送机运到机尾卸载滚筒处，将矸石卸载布置在填充部前端的抛射皮带上，由抛射皮带将矸石抛射充填巷道。回转工作台实现抛射皮带的回转摆动，能使整个巷道断面的宽度范围内填满矸石。当巷道内端迎头填满时，行走部驱动充填部整体向后退移一个步距。输送机的储带与自动张紧装置将松弛的胶带自动张紧，使矸石充填设备继续工作。

不同煤柱宽度会导致巷道围岩中支撑压力的不同。当煤柱宽度为 2.25m，巷道未充填时，由于煤柱较窄，在强大的支承压力作用下，煤柱早已屈服破坏，造成煤柱承载能力下降，最大仅 3.68MPa；充填后，上覆岩层由煤柱和矸石共同承载，煤柱的破坏程度降低，仍为塑性煤柱，但承载能力增加到最大的 14.27MPa。当煤柱宽度为 4.5m，巷道未充填时，与宽度 2.25m 煤柱相比，承载能力增加 10.32MPa；充填后，支承压力呈尖顶状，承载能力增加到 39.57MPa，承载能力进一步增强。当煤柱宽度为 9～18m，随着煤柱宽度的增加，充填和非充填时，作用在煤柱上的支承压力差异不明显，且呈现下降趋势。根据沿空巷道原理，结合支承压力分布状况，初步选定煤柱宽度为 4.5m。

结合红庆梁煤矿井下参数研究发现煤柱越宽资源回采率越低，煤柱宽度为 4.5m 时资源回采率可达 50% 以上，有较好的经济效益。因此，巷式置换填充开采技术有着良好的经济效益和环境效益，置换出煤炭，延长了矿井的服务年限，减少了矸石排放对地面环境的影响，减少了矸石地面处理的费用，是一种良好的矸石资源化处理方式。

第 3 章　红庆梁煤矿煤矸石回填造地技术研究及示范

3.1　红庆梁煤矿矸石淋溶液测评分析

矸石露天堆放，经降雨淋溶后，可溶解性元素随雨水迁移进入土壤和水体，可能会对土壤、地表水及地下水产生一定的影响。其影响程度取决于淋溶液中污染物的排放情况及所在地的环境性质。为了解决煤矸石淋溶水是否会对地表水体、地下水或土壤产生污染，对此进行了分析。

（1）矸石淋溶浸出试验。

2017 年 8 月 28 日对红庆梁煤矿煤矸石进行了矸石浸出试验（《固体废物浸出毒性浸出方法硫酸硝酸法、水平振荡法》），试验结果见表 3-5。可以看出，矸石浸出液中各污染物的浓度均未超过《危险废物鉴别标准—浸出毒性鉴别》（GB 5085.3—2007）的最高允许排放浓度及《污水综合排放标准》（GB 8978—1996）一级标准限值。因此，为第 Ⅰ 类一般工业固体废物。

表 3-5　煤矸石淋溶浸出试验结果

监测项目	单位	样品 1 硫酸硝酸法	样品 2 水平振荡法	GB 5085.3—2007 浸出液中危害成分浓度限值	GB 8978—1996 一级标准
pH	无量纲		7.3		6~9
总铜	mg/L	未检出	未检出	100	0.5
总锌	mg/L	未检出	未检出	100	2.0
总镉	mg/L	未检出	未检出	1	0.1
总铅	mg/L	未检出	未检出	5	1.0
总铬	mg/L	0.05	未检出	15	1.5
镍	mg/L	未检出	未检出	5	1.0
六价铬	mg/L	0.03	0.02	5	0.5
烷基汞	mg/L	未检出	未检出	不得检出	不得检出
总砷	mg/L	未检出	未检出	5	0.5

监测项目	单位	样品 1 硫酸硝酸法	样品 2 水平振荡法	GB 5085.3—2007 浸出液中危害成分 浓度限值	GB 8978—1996 一级标准
铍	mg/L	未检出	未检出	0.02	0.005
钡	mg/L	未检出	未检出	100	
银	mg/L	未检出	未检出	5	0.5
硒	mg/L	未检出	未检出	1	0.5
无机 F⁻	mg/L	0.802	1.108	100	10
氰化物	mg/L	未检出	未检出	5	0.5
总汞	mg/L	未检出	未检出	0.1	0.05

（2）矸石淋溶液测评分析。

从本区的气象条件来看，该地区年平均降雨量为 352.2mm，而当地年平均蒸发量约为年降水量的 6.3 倍，蒸发量较大，气候干燥，填沟造地工程区产生的矸石淋滤液较少，后期在拦矸坝下游设矸石淋滤液收集池，用于收集矸石淋滤液。收集池长 40m，宽 20m，深 3m，容积 2400m³，可满足 25 年一遇暴雨时填沟造地工程区产生的淋滤液的存储要求。淋滤液定期运往工业场地内的矿井水处理站进行处理。因此，矸石自然淋溶将不会对周围水体有影响，而一般降雨大的天气淋溶液可进入地下水系，但由于出现几率小，故不会对地面水系造成影响。

3.2 矸石自燃倾向判断

引起矸石自燃的因素很多，目前的研究结果表明：硫铁矿结核体是引起矸石自燃的决定因素，水和氧是矸石堆自燃的必要条件，碳元素是矸石堆自燃的物质基础。因此，除含硫外，矸石处理后是否自燃，还可以从可燃成分、通风状况、氧化蓄热条件以及堆积处理方式等方面来评价。本评价采用波兰的 PSO/Z 法对矸石的自燃倾向进行预测，矸石自燃因素的分级和评价见表 3-6，矸石自燃倾向预测判别见表 3-7。计算公式如下：

$$P = \sum_{i=1}^{8} A$$

式中　P——自燃指数；

　　　A——各项引起自燃因素的得分。

根据表 3-6、表 3-7 以及计算公式，得出红庆梁矿井矸石自燃倾向判断结果见表 3-8。

表 3-6　矸石堆放自燃因素的分级和评分

序号	矸石自燃因素	因素分级	各级评分
1	矸石灰分含量/%	91~100	−50
		81~90	0
		70~80	10
		55~69	15
		≤55	20
2	矸石最大粒径/cm	<5	0
		6~20	3
		21~40	5
		>40	10
3	矸石水解能力	小	0
		中	−5
		大	−15
4	矸石堆放类型	低于地面堆放，无顶	0
		低于地面堆放，有顶	3
		平顶	5
		圆锥堆放	7
5	矸石堆放高度/m	<4	0
		4~10	3
		11~18	8
		>18	10
6	矸石堆放体积/$10^3 m^3$	<10	0
		10~100	2
		101~200	5
		>200	8
7	矸石运输方式	轨道、钢丝绳式皮带机、自然散落	5
		同上，但推土机推平	0
		汽车运输，山顶卸车	0
		汽车运输，分层卸车	−5

续表

序号	矸石自燃因素	因素分级	各级评分
8	防火措施	分层压实并在表面加隔离层堵漏	−50
		分层压实,不堵漏	−40
		表面压实并堵漏	−30
		表面压实不堵漏	−25
		堵漏不压实	15
		无措施	0

表 3-7 矸石自燃倾向判别表

自燃等级	P 值	自燃倾向判别	自燃等级	P 值	自燃倾向判别
I	<0	不自燃	IV	31~48	很有可能自燃
II	1~15	不大可能自燃	V	>48	肯定能自燃
III	16~30	有可能自燃			

表 3-8 红庆梁矿井矸石堆放自燃倾向判断结果

项目	灰分/%	粒径/cm	水解能力	堆存类型	高度/m	体积/$10^3 m^3$	运矸方式	防火措施	得分合计
特征	84	8~13	大	平顶	>18	>200	汽车运输,分层卸车	分层压实,不堵漏	
得分	0	3	−15	10	8	−5	−40		−34

由表 3-8 可知,红庆梁矿井矸石自燃指数为−34,属于不自燃等级,理论上不会发生自燃,但矸石自燃是一个很复杂的物理化学过程,当内外条件出现异常,自燃的可能性还是存在的。为此针对红庆梁煤矸石具体特征,采用填沟造地工程,煤矸石堆放时分台阶分层堆砌、分层覆土、分层碾压,堆放完毕后在层面上采用 0.5~1.0m 厚黏土进行封闭,可杜绝排矸自燃的可能。待填沟造地工程区填满后采用复垦造地的措施。

3.3 填沟造地

(1)"沟"的形成。

煤矿区的沟壑地主要包括采煤塌陷地和天然荒沟,前者是主要修复地区。有用矿物被采出以后,开采区域周围的岩体的原始应力平衡状态受到破坏,应力重新分布后,达到新的平衡。在此过程中,岩层和地表产生连续的移动、变形和非连续的破坏如开裂、冒落等，这种现象称为"开采塌陷"。煤炭是重要的层状有用矿物，它的井工开采必然引起岩层和地表的下沉，导致大量土地的塌陷，我们将这种现象称为"采煤塌陷"，形成的塌陷区地称之为"煤矿塌陷区地"。据调查统计，井下采煤和地表塌陷在体积和面积上有以下关系：塌陷体积约是采出体积的70%左右，塌陷区波及面积为开采面积的1.2~1.3倍。

（2）矸石填充。

采煤过程中排放出大量煤矸石若堆成矸石山，不仅侵占大量土地，还会导致耕地减少，生态环境恶化。因此，将煤矸石填充塌陷区，后者为前者提供场地，前者为后者修复土壤特性，这种方式是以废治废的利用途径之一。

红庆梁煤矿填沟造地工程区皆为低于地表的塌陷区或天然荒沟，矸石排入后仍然低于地表，不平地起堆，但在填沟堆放时也要注意堆放的方式。由于塌陷地块下沉较深，为保证复垦后土地的质量，要进行土地剥离充填。剥离充填法的程序是先用推土机或挖掘机把表土挖出，再用煤矸石进行充填压实，后将挖出的土壤重新覆盖，最后对土地进行培肥耕种。用于农业生产的矸石复垦土地，充填的矸石应下部密实、上部疏松，以便保墒、保肥，利于植物生长。

（3）表面覆土植被绿化。

煤矸石充填到相应高程后，要进行表土覆盖。红庆梁煤矿土地复垦后的主要用途是耕作种植，因此将复土厚度定为1.2m。煤矿区土地复垦种植的作物首先要考虑复垦目标、场地条件、气候环境条件、社会经济条件等多方面的综合要求，然后根据这些要求来考察、选择树种和草种，以求取草木生态学特性与立地条件的最好统一，获得较高的生态和经济效益。内蒙古自治区是中国五大牧区之首，牧草是首选作物。

煤矿复垦区建立人工牧草地，首先必须选择适宜的牧草品种，为此要做到覆盖土、气候等自然环境条件与牧草生态特性的统一，即"适地适草"的原则，从而改良覆盖土的理化性质，提高上地生产力与此同时要注重草地的经济效益，近年来部分省市对饲料粗蛋白需求量愈来愈大，而多数草类作物能弥补此方面的不足，并且种草不仅成本低，而且一次投入，多年受益，只要运用现代栽培理论与先进产品加工技术，提供牧草种植与饲料加工一体化的服务，比较容易给矿区带来巨大的经济效益。

第4章 小 结

　　红庆梁煤矿的矿井及选煤厂规模 6.0Mt/a，服务年限 64.1 年，其产生的煤矸石是主要固体废物来源。煤矸石资源化利用是打造绿色矿山、保护生态环境的一种重要途径。通过对煤矸石淋溶液测评，结果表明红庆梁煤矿煤矸石属于一般 I 类工业固废，不属于危险废物，并且淋溶液不会对地表水及地下水产生影响。对选煤矸石化学原料成分分析，进行定性定量后进行战略封存。在煤矿建成初期采用，采用复垦造地技术将煤矸石堆放回填，覆土绿化，不仅可以解决煤矸石平底起堆的问题还能修复土壤，保护生态环境，同时进行微地貌改造，因地制宜构建与当地环境相和谐的微景观。远期采用经济合理、技术适宜的资源化利用手段消纳已战略储存的红庆梁煤矿开采过程中产生的煤矸石，可以为企业带来良好的经济效益、环境效益以及社会效益。红庆梁矿井也可考虑利用煤矸石置换煤炭的方式，将掘进煤矸石回填废弃巷道，不仅可以填补煤炭采空区又能大量处理煤矸石，也是良好的矸石处理方案。

48

第四篇

煤矿开发对地下水环境影响及污染防治技术措施应用

第1章 研究背景及方法

1.1 研究背景

目前水资源短缺已经成为全世界密切关注的重要环境问题之一，我国是一个严重缺水的国家。淡水资源总量为 $2.8 \times 10^{12} m^3$，占全球水资源总量的 6%，仅次于巴西、俄罗斯和加拿大，居世界第 4 位。人均水资源占有量约 $224 m^3$，仅为世界人均占有量的 1/4，在世界银行统计的各国家中仅排在 88 位，我国所面临的水资源问题十分严峻。

我国水资源贫乏，水资源的分布又极不平衡，而且水资源与煤炭资源的匹配也不平衡。而这种现象在煤炭开采的地区显得尤为突出。全国水资源 81% 分布在长江流域及其以南地区，而煤炭资源只占 25%。淮河流域及其以北的广大地区水资源仅占全国的 19%，煤炭资源却占全国总量的 75%。因此形成了北方地区的富煤贫水格局。在神东、晋北、晋东、蒙东东北、云贵、河南、鲁西、晋中、两淮、黄陇华亭、冀中、宁东和陕北这十三个规划建设的大型煤炭基地中，除云贵、两淮和蒙东东北基地外，其余十个基地都存在不同程度的缺水问题，尤其是晋陕蒙宁地区，水资源最为匮乏，而煤炭资源和煤炭基地最为集中。

我国在未来相当长的时间内，以煤炭为主的能源结构不会改变，随着经济迅速发展，煤炭开采规模不断扩大，因煤炭开采对环境损害也日益严重，激化了资源、环境、经济之间的矛盾。为了最大限度减少煤炭开采对环境造成的影响，量化煤炭开采环境影响，为矿区防治措施及生态恢复方案提供理论依据，确保矿区可持续发展，具有重要的意义。

煤炭开采会对地下水资源造成破坏，影响地下水的动态平衡，使得井田和周围地区严重缺水，因此进行煤炭开采对区域地下水资源的影响研究具有十分重要的现实意义。通过对煤炭开采区的调查，了解当地地下水资源的历史及当前年的水位情况，比较得出煤炭开采前后地下水水位下降的具体值，得出煤炭开采是破坏井田及周围地区地下水水资源的重要原因之一，且煤炭开采对不同地区的地下水资源具有不同程度的影响。随着煤矿的开采，水资源的破坏将逐渐由浅层静储量向深层静储量转化，从而使地下水水位下降以煤矿井田开采点为中心向四周扩散。因此在煤炭开采时，应该注意保护地下水资源，实现水资源的最大有效地利用，这将有利于缓解我国目前面临的煤炭工业发展与矿区水资源制约的矛盾，有利于矿区地下水资源的永续利用，进而从根本上保证煤炭工业和整个国民经济的持续稳定发展。在进行矿区水资源保护时要因地制宜，针对不同区域的地下水资源的破坏情况制定不同的保护措施，本次研究结果对于鄂尔多斯煤炭开采区的地下水资源的保护具有重大的参考价值。

1.2　研究方法

针对红庆梁矿井区域及井田范围内的地层、构造、含(隔)水层以及地下水的补给、径流、排泄条件进行研究，对研究范围内的地下水水质进行监测收集井田内水文钻孔的相关水文资料，对工业场地及排矸场水文地质条件做了水文地质勘察试验，同时对研究区环境水文地质问题及工业、生活、农业污染源作了说明。

根据井田范围内地下水环境现状监测结果，同时结合勘探报告与设计文件，首先采用采煤沉陷"导水裂缝带"计算法定性判断采煤对上覆和下伏含水层是否有影响，同时通过相关公式对矿坑涌水量进行了预测。通过对水文地质条件的分析，采用数学解析阐述了煤炭开采对地下各含水层、居民饮用水源等地下水敏感保护目标的影响。根据水文地质条件的复杂程度，采用解析法说明了工业场地及排矸场的运行和使用对地下水水质的影响。最后在对地下水水环境进行预测分析的基础上，对地下水水资源及地下水水质提出了跟踪监测计划和保护措施，重点是对居民饮用水源的保护措施、对可能受影响居民的供水措施以及工业场地和排矸场周边村庄浅层地下水的监控和保护措施。

第2章 红庆梁煤矿水文地质条件

2.1 区域地层与构造

（1）区域地层。

东胜煤田地层划分属于华北地层区鄂尔多斯分区。对于东胜煤田乃至整个鄂尔多斯盆地，无论是从盆地成因还是盆地现存状态来说，三叠系上统延长组（T_{3y}）是侏罗纪聚煤盆地和含煤地层的沉积基底。除此之外，区域地层系统构成还包括侏罗系、白垩系、第三系上新统和第四系更新统、全新统。东胜煤田区域地层分布情况见表4-1，区域地质图见图4-1。

表4-1 东胜煤田区域地层表

系	统	组（群）	厚度/m 最小~最大	岩性描述
第四系	全新统	（Q_4）	0~25	为湖泊相沉积层、冲洪积层和风积层
	上更新统	马兰组（Q_3m）	0~40	浅黄色含砂黄土，含钙质结核，具柱状节理。不整合于一切地层之上
第三系	上新统	（N_2）	0~100	上部为红色、土黄色黏土及其胶结疏松的砂岩，下部为灰黄、棕红、绿黄色砂砾岩、砾岩，夹有砂岩透镜体。不整合于一切老地层之上
白垩系	下统	志丹群（K_{1zh}）	40~230	上部为浅灰、灰紫、灰黄、黄、紫红色泥岩、粉砂岩、细砂岩、砂砾岩、泥岩、砂岩互层，夹薄层泥质灰岩。交错层理较发育。顶部常见一层中粗粒砂岩，含砾，呈厚层状。与下伏地层呈整合接触。
			30~80	下部为浅灰、灰绿、棕红、灰紫色泥岩、粉砂岩、砂质泥岩、细砂岩、中砂岩、粗砂岩、砾岩，中夹薄层钙质细砂岩。斜层理发育，底部常见大型交错层理。与下伏地层呈不整合接触。

续表

系	统	组(群)	厚度/m 最小~最大	岩性描述
侏罗系	中统	安定组 (J$_{2a}$)	10~80	浅灰、灰绿、黄紫褐色泥岩、砂质泥岩、中砂岩。含钙质结核。与下伏地层呈整合接触
		直罗组 (J$_{2z}$)	1~278	灰白、灰黄、灰绿、紫红色泥岩、砂质泥岩、细砂岩、中砂岩、粗砂岩。下部夹薄煤层及油页岩，含1煤组。与下伏地层呈平行不整合
	统	延安组 (J$_{2y}$)	78~247	灰~灰白色砂岩，深灰色、灰黑色砂质泥岩，泥岩和煤层。含2、3、4、5、6、7煤组。与下伏地层呈平行不整合接触
	下统	富县组 (J$_{1f}$)	0~110	上部为浅黄、灰绿、紫红色泥岩，夹砂岩；下部以砂岩为主，局部为砂岩与泥岩互层；底部为浅黄色砾岩。与下伏地层呈平行不整合
三叠系	上统	延长组 (T$_{3y}$)	35~312	黄、灰绿、紫、块状中粗粒砂岩，夹灰黑、灰绿色泥岩和煤线。与下伏地层呈平行不整合接触
	中统	二马营组 (T$_{2er}$)	87~367	以灰绿色长石石英砂岩、紫色泥岩，紫色泥岩、粉砂岩为主，局部泥岩中含砾

（2）区域构造。

东胜煤田大地构造分区属于华北地台鄂尔多斯台向斜东胜隆起区，具体位置处于东胜隆起区中东部，见图4-1。

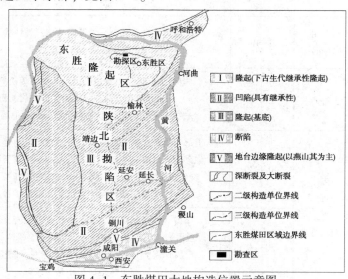

图4-1　东胜煤田大地构造位置示意图

华北地台经历了基底形成阶段和盖层稳定发展阶段之后，在晚三叠世末期开始进入地台活动阶段。在华北地台西部开始出现了继承性大型内陆坳陷型盆地——鄂尔多斯盆地，其构造形式总体为一宽缓的大向斜构造（台向斜），核部偏西，中部、东部广大地区基本为近水平岩层。东胜煤田基本构造形态为一向南西倾斜的单斜构造，岩层倾角 1°～3°，褶皱不发育，但局部有小的波状起伏，断层发育程度低，无岩浆岩侵入，属构造简单型煤田。

从大地构造发展史来看，燕山初期（早侏罗世）东胜隆起区处于相对的隆起状态，沉积间断，除东南边缘外，普遍缺失这一时期的富县组（J_{1f}）沉积，形成了侏罗系中下统延安组（J_{1-2y}）与延长组（T_{3y}）之间的平行不整合接触关系。燕山早期（早、中侏罗世）、中期（晚侏罗世）盆地稳定发展，沉积了侏罗系中下统延安组（J_{1-2y}）、直罗组（J_{2z}）和安定组（J_{2a}）。至燕山期末（白垩纪），盆地整体开始抬升、萎缩。喜山期（白垩纪末），盆地最终消失，由接受沉积转而遭受剥蚀，在盆地东北边缘这种剥蚀作用表现得更为强烈，形成了第三系上新统（N_2）与下伏地层侏罗系中下统延安组（J_{1-2y}）的角度不整合接触关系。

2.2 区域水文地质条件

（1）区域地形地貌。

东胜煤田位于鄂尔多斯盆地东北部，区内海拔标高一般在 1200～1500m。地形中部较高，向南北两侧逐渐降低。沿纳林—东胜—独贵加汉一线呈东西向延伸的"东胜梁"，其海拔标高为 1400～1500m，构成煤田内的区域性天然地表分水岭。煤田南接毛乌素沙漠，北与库布齐沙漠相邻，水流侵蚀作用强烈，沟谷发育，具侵蚀性丘陵及风积沙漠区地貌特征。区域地形地貌图见图 4-1。

（2）区域地表水系。

黄河是三面围绕煤田的唯一常年性水流，煤田内各沟谷均为其支流。"东胜梁"两侧遍布呈枝状发育的南北流向的大小沟谷，其中在"东胜梁"以南主要的沟谷有：乌兰木伦河、勃牛川等；北部的主要沟谷有：哈什拉川、罕台川、西柳沟、黑赖沟等。这些沟谷均为间歇性河流，在枯水季节多干涸或有溪流，雨季暴雨后可汇聚成洪流，水量大，历时短促。

（3）区域水文地质特征。

煤田内主要发育中生界的陆相碎屑岩，次为新生界的半胶结岩类及松散岩类。根据地下水的不同含水特征，区域含水岩组可划分为三大类：松散岩类孔隙含水岩组、半胶结岩类孔隙含水岩组、碎屑岩类裂隙-孔隙含水岩组。各含水岩组的水文地质特征详见表 4-2。

表 4-2 区域含水岩组水文地质特征表

含水岩组	地层	厚度 m	岩性	单位涌水量 $q/[L/(s \cdot m)]$	水化学类型	溶解性总固体 $/(mg/L)$
松散岩类孔隙潜水含水岩组	第四系(Q)	0~95	黄土、残坡积、冲洪积、风积沙	0.0016~3.74	$HCO_3^-—Ca^{2+} \cdot Mg^{2+}$ $SO_4 \cdot HCO_3—K+Na \cdot Mg$	259~2960
半胶结岩类孔隙潜水含水岩组	第三系上新统(N₂)	0~100	粉砂岩、砂质泥岩、砾岩夹含砾粗砂岩	0.171~0.370	$HCO_3 \cdot SO_4—Ca \cdot Mg$	319~351
碎屑岩类孔隙、裂隙潜水~承压水含水岩组	志丹群(K₁zh)	0~612	含砾砂岩与砾岩,夹砂岩及泥岩	0.008~2.170	$HCO_3—Ca$ $HCO_3—K+Na$ $HCO_3—Ca \cdot Mg$	249~300
	侏罗系中统(J₂)	0~554	砂岩、砂质泥岩、粉砂岩夹泥岩,含煤线	0.000437~0.0274	$Cl \cdot HCO_3—K+Na$	714~951
	侏罗系中下统延安组(J₁₋₂y)	133~279	为一套各粒级的砂岩、粉砂岩、砂质泥岩互层,中夹2、3、4、5、6、7六个煤组	0.000647~0.0144	$HCO_3 \cdot Cl—K+Na$	101~1754
	三叠系上统延长组(T₃y)	0~90	中粗粒砂岩为主,夹泥质粉砂岩	0.000308~0.253	$HCO_3 \cdot SO_4 \cdot Cl—K+Na$	660~1415

(4)区域地下水补给、径流及排泄条件。

煤田内地表水体不发育,多旋回的碎屑岩沉积中富含泥质及有机质,区内断裂构造发育程度低,碎屑岩类孔隙发育差,地下水径流条件不良。地下水的补给源以大气降水为主,第四系松散潜水含水层直接接受大气降水的补给,基岩含水层在浅部可接受大气降水及潜水的补给,在深部接受侧向径流补给。

潜水的径流受地形控制,一般沿沟谷方向径流;承压水径流受煤田整体构造形态控制,一般沿岩层倾向即西南方向径流,进而排泄出煤田外。

2.3 井田地层与构造

(1)井田地层。

井田位于东胜煤田的北缘,新生代地质营力的作用在井田内表现得较为强烈，上部地层遭受剥蚀并被枝状沟谷切割破坏。据地质填图及钻探成果对比分析，井田内地层由老至新发育有：三叠系上统延长组（T_{3y}）、侏罗系中下统延安组（J_{1-2y}）、侏罗系中统（J_2）、白垩系下统志丹群（K_{1zh}）和第四系（Q）。

（2）含煤地层。

井田含煤地层为侏罗系中下统延安组（J_{1-2y}），其沉积基底为三叠系上统延长组（T_{3y}）。即井田含煤地层延安组（J_{1-2y}）是以三叠系上统延长组（T_{3y}）为沉积基底，延长组（T_{3y}）是一套陆源碎屑沉积物，属于典型的曲流河沉积体系。据"七、五"国家一类地质研究项目《鄂尔多斯盆地聚煤规律及煤炭资源评价（内蒙古部分）》对东胜煤田含煤地层沉积环境作了详细的分析研究，井田含煤地层是东胜煤田含煤地层的一部分，其沉积环境与东胜煤田基本一致，即6煤组的沉积环境为河流沉积，5煤组的沉积环境为湖泊三角洲沉积，4~3煤组的沉积环境为湖湾或湖泊三角洲沉积，2煤组的沉积环境为河流沉积。因此，井田含煤地层岩性组合的变化规律与沉积环境基本是一致的，沉积环境从下至上是由河流沉积环境发展到湖湾或湖泊三角洲沉积环境，最后又转变成河流沉积环境。

（3）井田构造。

红庆梁北部井田位于东胜煤田的北部边缘，其构造形态总体为一向南西倾斜的单斜构造，倾向210°~220°，地层倾角1°~3°，地层产状沿走向及倾向均有一定变化，但变化不大。沿走向发育有宽缓的波状起伏，区内未发现断裂和褶皱构造，亦无岩浆岩侵入。因此，井田构造复杂程度划分为简单构造。就井田含煤地层及各煤层发育情况而言，亦是受区域构造影响所致。燕山初期东胜隆起区的相对隆起，造成井田含煤地层沉积基底的不平；燕山早期"填平补齐"的结果，形成了井田内大部分地段缺失6煤组。以后盆地稳定发展，由井田南部向北扩张，沉积了5煤组以上地层。而至燕山期末盆地整体抬升，以致后来遭受强烈剥蚀作用，形成了如今2煤组零星分布及井田内地层的赋存特征。

2.4 井田水文地质条件

（1）井田地形地貌。

红庆梁井田位于东胜煤田北部边缘，区域性地表分水岭"东胜梁"之北侧。井田内地形总体趋势是南高北低，在此基础上又表现为西高东低之变化趋势。最高点位于井田的西南部海拔标高为1531.20m；最低点位于井田北部耳字壕沟，海拔标高为1350.20m。最大地形标高差为181m；一般地形海拔标高在1380~1480m，一般地形标高差为100m左右。

井田属高原侵蚀性丘陵地貌，大部分地区为低矮山丘，第四系广泛分布，基岩(K_{1zh})大面积出露,植被稀疏,为半荒漠地区,井田地貌现场照片见图4-2。

图4-2　井田地貌现场照片

（2）地表水系。

井田基本位于东部的艾来色太沟及西部的耳字沟之间。东部的艾来色太沟由西南向东北流经本区的东部,区内的洪炭沟、小艾来色太沟、榆树沟等均为其支流,呈东西向流入艾来色太沟,而后向北汇入西柳沟,最终注入黄河;西部的耳字沟及其支流虎石沟等,向西北方向径流,汇入黑赖沟后最终注入黄河。它们的次一级沟谷也较发育,除井田西南部一带的地形较完整外,其他地段沟谷将井田分割的支离破碎。这些沟谷在枯水季节一般干涸无水,但在丰雨季节,可形成短暂的溪流或洪流,洪流具有历时短、流量较大的特点。大气降水在地表形成径流后流入上述沟谷,通过艾来色太沟、黑赖沟,最终注入黄河。

（3）井田含、隔水层水文地质特征。

根据井田内地下水的水力性质及赋存条件的不同,区内地下水可划分为两大类,即松散岩类孔隙潜水含水岩组和碎屑岩类孔隙、裂隙承压水含水岩组。

（4）井田地下水补给、径流及排泄条件。

① 潜水。井田潜水主要赋存于沟谷内第四系冲洪积沙砾石层中,潜水的主要补给来源为大气降水,次为深部承压水沿谷底的越流补给。由于本区降水量稀少,所以潜水的补给量较小。潜水沿河流流向径流,潜水的排泄方式主要为向河流下游的径流排泄,其次为人工挖井开采排泄、蒸发排泄以及向下部承压水的渗入排泄。

② 承压水。井田承压水主要赋存于白垩系下统志丹群(K_{1zh})及侏罗系中统(J_2)、中下统延安组(J_{1-2y})砂岩中。白垩系下统志丹群(K_{1zh})在区内出露面积较大。因此,大气降水的直接渗入补给是承压水的主要补给来源,其次为区外承压水的侧向径流补给。承压水一般沿地层倾向即西南方向径流。承压水以侧向径流排泄为主,其次为人工开采排泄。

③ 井田水文地质勘查类型及复杂程度。红庆梁井田的直接充水含水层(J_{1-2y})以裂隙含水层为主,孔隙含水层次之,直接充水含水层的富水性微弱,补给条件

和径流条件较差，以区外承压水微弱的侧向径流为主要充水水源，大气降水为次要充水水源；直接充水含水层的单位涌水量 $q<0.10L/(s \cdot m)$，区内没有水库、湖泊等地表水体，沟谷内无常年地表径流，河流与煤层的间距较大，平均在300m以上，水文地质边界简单。因此矿区水文地质勘查类型划分为第二类第一型裂隙充水为主的水文地质条件简单的矿床。

（5）井田矿床充水影响因素分析。

① 地表水、老窑水对矿床充水的影响。井田内没有水库、湖泊等地表水体，沟谷均无常年地表径流，煤层埋藏较深，地表水对矿床充水的影响一般不大，但矿区沟谷发育，本区降水比较集中，多为大雨或暴雨，雨后会形成短暂的地表洪水，一旦流入矿坑，就会造成淹井事故。因此，井口、通风口等要建在最高洪水位线以上，采取必要的防洪措施，预防地表洪水通过井口等通道进入矿坑；在地表水体以下采煤时，随时观测矿坑涌水量的变化情况，以防发生矿坑涌水事故。随着东胜煤田的大规模开发建设，矿区周围的生产矿井在逐年增加，采空区的面积与积水量也在不断增大。因此，未来煤矿开采，在边界附近要密切注视周围矿井的采掘情况，防止沟通邻近采空区，防止涌水事故的发生。

② 断层的导水性及其对矿床充水的影响。井田总体构造形态为向南西倾斜的单斜，倾向200°~230°，倾角小于5°。井田地质构造简单，虽然断层较发育，但断距都不大，由于各次勘探没有对断层进行专门抽水试验工作，所以断层的富水性不清。由于断层富水性及导水性在不同的位置变化较大，尤其是断层与其他富水性较强的含水层沟通时，有可能对矿井的安全构成威胁。建议煤矿在开采过程中明确井田内断裂构造的富水性及导水性，确保煤矿生产安全。

（6）井田地下水动态特征。

井田内地下水的动态主要受降水、蒸发、人工开采及包气带岩性等因素的影响。潜水位的动态，大部分地区表现为气象型和蒸发型，同时在农灌季节部分农田灌溉区表现为人工开采型动态。在11月~翌年2月份是干旱的冬季和春季，降水稀少，气候寒冷，潜水位呈稳定的低水位期。这是由于埋藏浅的潜水含水层冻结，阻滞了地下水的正常径流，且降水稀少，地下水补给条件差，致使地下水的径流交替作用受到限制，水位低而稳定。3月份气候逐渐变暖，冰雪开始融化，潜水上部含水层开始解冻，高处的风积沙层潜水及冰雪解冻水逐渐补给低处的松散岩类潜水含水层与碎屑岩类潜水含水层，使潜水位逐渐上升，4月份和5月初达到潜水位一年中的第一次高峰。6月份开始气温升高，蒸发强烈，潜水位逐渐下降，一直到枯水期结束。其间有不同程度的降水出现，再加上人工开采灌溉，使潜水位亦呈现不同程度的波动，动态规律性差。7月份，随着降雨增加，进入丰水期，潜水位又开始上升，至8月末9月初，出现一年内地下水位的又一次高峰，但由于包气带渗透性较差，导致高水位期较降雨期滞后，同时由于蒸发和人工开采量的增大，该次高水位期水位上升不明显或有所下降，且较前次高水位低，变化异常。9～10月份气温开始下降，降水量减少，潜水位亦开始缓慢下降。11月份，气温开始变冷，并出现霜冻，逐渐到达寒冷的冬季，直至翌年2月，是一年之内的水位最低期。

2.5 环境水文地质问题及污染源调查概况

（1）环境水文地质问题概况。

① 原生环境水文地质问题。通过环境水文地质调查，红庆梁井田现状条件下未发现原生环境水文地质问题，即未发现天然劣质水分布以及由此引发的地方疾病等环境问题。

② 人类活动引起的环境水文地质问题。红庆梁井田位于东胜煤田的北部，由于主要可采煤层埋藏深度相对较深，通过调查，井田及周边范围内居民水井内潜水水质良好，多为无色、无味、透明、无沉淀物的淡水，矿化度小于1g/L，沟谷水化学类型为HCO_3—$Na·Mg$型，梁上水化学类型一般为HCO_3—$Ga·Na$型。未发现人为活动造成的地面沉降、地裂缝、土地荒漠化等环境水文地质问题。

（2）污染源调查概况。

① 工业污染源调查。井田内未发其他工业污染源。

② 农业污染源调查。根据调查结果可知，农业主要以种植玉米为主，仅存在施肥时的污染。

③ 生活污染源调查。生活污染源主要为村庄居民排放的生活污废水，受当地自然地理条件的限制，多数居民已经生态移民，长居人口较少，且人口分散，多数村庄只有几人到十几人居住，生活方式比较原生态，所以主要为生活污废水的影响。

2.6 地下水环境质量现状监测与评价

（1）地下水水位现状监测与评价。

红庆梁井田内的含水层为第四系-白垩系松散岩类孔隙潜水含水层、白垩系碎屑岩类孔隙裂隙承压水含水层、侏罗系中统J_2承压含水层和侏罗系中统延安组$J_{1-2}y$承压含水层，由于白垩系承压水和侏罗系承压水富水性较差，单井出水量一般小于$10m^3/d$，所以供水意义不大，因此有供水功能的含水层为第四系及风化带潜水含水层。所以本次主要对第四系及风化带潜水含水层进行水位现状监测。

　　本次共引用 20 个地下水水位监测点，监测层位均为第四系及风化带潜水含水层。对其水位进行了水文年枯水期、平水期、丰水期三期的动态监测：平水期（2013 年 11 月 12 日）、枯水期（2013 年 4 月 16 日）和丰水期（2013 年 8 月 12 日）。地下水水位监测点位布置情况见表 4-3，地下水位监测统计结果见表 4-4。

表 4-3　地下水水位监测点布设一览表

水位监测点	水井名称	坐标		井深/m	地面标高/m	监测层位
		x	y			
S1	1	37371821.21	4428226.18	5.60	1405.60	
S2	5	37370346.63	4427926.93	5.50	1424.03	
S3	9	37372889.86	4428849.11	6.50	1396.48	
S4	11	37372536.83	4429068.36	5.80	1402.35	
S5	15	37372370.55	4429457.97	7.20	1410.57	
S6	17	37371711.9	4429744.67	6.50	1419.34	
S7	23	37369911.24	4430075.20	7.00	1452.82	
S8	28	37374999.57	4431511.35	7.20	1370.61	
S9	34	37373236.35	4431629.76	6.00	1403.24	
S10	39	37371331.56	4431538.46	5.80	1454.28	第四系及风化带潜水含水层
S11	45	37372040.03	4432994.91	5.50	1467.56	
S12	65	37371888.30	4434639.89	5.60	1442.91	
S13	77	37368035.17	4433619.49	6.20	1429.09	
S14	78	37368840.63	4434944.03	6.50	1410.89	
S15	81	37371889.13	4436352.45	6.00	1412.25	
S16	88	37376831.15	4430953.03	6.00	1341.15	
S17	92	37374891.23	4429015.18	6.00	1373.18	
S18	96	37374075.15	4428636.05	9.00	1382.28	
S19	100	37371106.22	4425862.20	4.50	1435.23	
S20	102	37369834.32	4425726.25	15.00	1447.02	

表 4-4　地下水水位监测统计表

水位监测点	水井名称	使用人数	丰水期水位埋深/m 2012.8.12	平水期水位埋深/m 2012.11.12	枯水期水位埋深/m 2013.4.16
S1	1	3	2.10	2.30	2.80
S2	5	4	2.20	2.40	2.70
S3	9	3	2.90	3.10	3.30

水位监测点	水井名称	使用人数	丰水期水位埋深/m 2012.8.12	平水期水位埋深/m 2012.11.12	枯水期水位埋深/m 2013.4.16
S4	11	4	2.00	2.20	2.60
S5	15	4	4.10	4.30	4.50
S6	17	3	3.10	3.40	3.60
S7	23	4	3.70	3.90	4.30
S8	28	4	3.60	3.80	4.10
S9	34	5	4.00	4.10	4.40
S10	39	5	3.70	3.80	3.95
S11	45	4	2.60	2.70	2.80
S12	65	5	1.50	1.80	2.10
S13	77	5	2.30	2.50	2.70
S14	78	4	3.00	3.20	3.60
S15	81	3	2.70	2.90	3.10
S16	88	3	4.70	4.90	5.10
S17	92	5	2.20	2.40	2.80
S18	96	3	3.10	3.20	3.50
S19	100	4	2.50	2.70	2.90
S20	102	5	13.0	13.2	13.6

由统计结果可以看出，第四系及基岩风化带含水层潜水主要分布在沟谷河床及阶地上，井深在5~15m，水位埋深在1.5~13.6m，年际水位变幅在0.25~0.7m，单井出水量一般小于10m³/d。水位动态变化主要受大气降水、蒸发与人工开采影响。水位变幅不大，水位随着降雨量和蒸发量季节性变化不明显，与地下水的开采利用有关。

2017年8月12日进行了一期13个点位的水位监测，地下水水位监测点位布置及监测结果情况见表4-5。

表4-5　地下水水位监测点统计结果一览表

序号	水位监测点编号	水井位置	坐标		井深/m	水位埋深/m	井口高程/m	监测层位
			x	y				
1	DXS-001	小艾来色太沟	37370389.67	4427922.658	5	2.5	1406	第四系及风化带潜水含水层
2	DXS-002	石巴圪图	37370634.92	4425869.81	6	3	1455	
3	DXS-003	虎石壕	37371333.81	4432519.269	6	4	1474	
4	DXS-004	耳字沟	37367796.98	4433218.612	5	3	1430	

续表

序号	水位监测点编号	水井位置	坐标		井深 /m	水位埋深 /m	井口高程 /m	监测层位
			x	y				
5	DXS-005	排矸场西	37370005.79	4430019.236	3	2.5	1454	第四系及风化带潜水含水层
6	DXS-006	榆树沟	37373244.68	4434298.282	10	8	1428	
7	DXS-007	洪炭沟	37372834.62	4431617.788	5	4	1416	
8	DXS-008	鄂来北社	37374591.83	4428485.414	5	2.5	1418	
9	DXS-009	补拉湾社	37374816.16	4428761.868	6	3.5	1376	
10	DXS-010	郭家渠	37372531.92	4426317.924	7	3.5	1415	
11	DXS-011	高头窑社	37380628.82	4432867.51	8	6	1304	
12	DXS-012	Z1	37372214	4428425.596	7	3	1406	
13	DXS-015	Z4	37371629.37	4426127.591	4	3	1420	

本次与引用水位监测点距离较近的点有一个，为 S2 与 DXS-001，监测对比情况见表 4-6。可以看出本次监测的水位与引用同时期的水位埋深动态变化较小，变幅在 0.3m，因此在这 5 年的时间里，该点水位动态变化较小。从整个监测点的分布情况来看，引用的 20 个监测井的井深在 5~15m，水位埋深在 1.5~13.6m，年际水位变幅在 0.25~0.7m，本次的 13 个监测井的井深在 3~10m，水位埋深在 2.5~8.0m，5 年的时间范围内，地下水水位动态波动不大。

表 4-6　地下水水位监测点对比统计结果一览表

本次监测点位	引用点位	引用监测点的井深/m	丰水期水位埋深/m 2012.8.12	平水期水位埋深/m 2012.11.12	枯水期水位埋深/m 2013.4.16	本次监测点的井深/m	水位埋深/m 2017.8.12
DXS-001	S2	5.5	2.2	2.4	2.7	5	2.5

（2）地下水水质现状监测与评价。

① 监测布点。

本次引用了在工业场地及排矸场周边浅层含水层布设的 5 个水质监测点（分别为 Z1~Z5），全部为民井。共进行了枯水期（2013 年 4 月 18 日）、丰水期（2013 年 8 月 28 日）两期水质监测。监测层位是第四系及风化带潜水含水层。地下水水质监测及计算结果见表 4-8、表 4-9。2017 年 8 月 12 日及 13 日进行了一期两次 6 个点位的水质监测，分别为 DXS-012 至 DXS-017，地下水水质监测点位布置情况见表 4-7。

表 4-7　地下水水质监测点布设一览表

点号	坐标		含水层类型
	x	y	
Z1	37371821.21	4428226.18	
Z2	37370346.63	4427926.93	
Z3	37372370.55	4429457.97	
Z4	37371711.90	4429744.67	
Z5	37369911.24	4430075.20	
DXS-012	37372214.00	4428425.60	第四系及风化带含水层
DXS-013	37370389.67	4427922.66	
DXS-014	37374590.87	4428484.81	
DXS-015	37371629.37	4426127.59	
DXS-016	37370005.79	4430019.24	
DXS-017	37380628.82	4432867.51	

② 监测项目。

引用监测井的监测项目包括：pH、总硬度、溶解性总固体、铁、挥发酚、硝酸盐、亚硝酸盐、氨氮、氰化物、氟化物、汞、砷、六价铬、镉、铜、锌、细菌总数、总大肠菌群、氯化物、铅、硫酸盐等共 21 项。

本次监测井的监测项目包括：K^+、Na^+、Ca^{2+}、Mg^{2+}、CO_3^{2-}、HCO_3^-、Cl^-、SO_4^{2-}；pH、氨氮、硝酸盐以 N 计、亚硝酸盐以 N 计、挥发性酚类、氰化物、砷、汞、铬(六价)、总硬度、铅、氟、镉、铁、锰、溶解性总固体、高锰酸钾指数、硫酸盐、氯化物、总大肠菌群、细菌总数。

③ 监测方法。

水样的采集、保存及分析按《地下水环境监测技术规范》进行。对地下水水质监测中总大肠菌群检验方法按《生活饮用水标准检验方法》GB5750 执行，其余项目按地下水环境监测方法执行。

④ 评价方法。

采用单因子标准指数法。计算公式：

$$P_i = C_i / Co_i$$

式中　P_i——第 i 项评价因子的单因子污染指数；

　　　C_i——第 i 项评价因子的实测浓度值，mg/L；

　　　Co_i——第 i 项评价因子的评价标准，mg/L。

pH 的标准指数为：

$$S_{pH,j} = (7.0 - pH_j) / (7.0 - pH_{sd}) \quad pH_j \leqslant 7.0$$

$$S_{pH,j} = (pH_j - 7.0) / (pH_{su} - 7.0) \quad pH_j > 7.0$$

式中　　$S_{pH,j}$——pH 在 j 点的标准指数；

　　　　pH_j——pH 在 j 点的临测值；

　　　　pH_{sd}——地下水水质标准中规定的 pH 值下限；

　　　　pH_{su}——地下水水质标准中规定的 pH 值上限。

当 $P_i \leqslant 1$ 时，符合标准；当 $P_i > 1$，说明该水质评价因子已超过评价标准，将会对人体健康产生危害。

⑤ 计算及评价结果。

地下水现状评价标准执行《地下水质量标准》（GB14848—2017）Ⅲ类标准，引用的监测井监测结果见表 4-9 及表 4-10。结果表明 5 个监测点大部分监测指标符合《地下水质量标准》Ⅲ类标准，说明井田地下水环境质量总体较好。枯水期出现超标的因子有氨氮、硝酸盐氮、亚硝酸盐氮、总硬度、溶解性总固体、硫酸盐，其中 Z1 号监测井硝酸盐氮超标 0.46 倍、亚硝酸盐氮超标 12.5 倍，Z2 号监测井总硬度超标 0.32 倍、溶解性总固体超标 0.18 倍、亚硝酸盐氮超标 2.5 倍、硫酸盐超标 0.62 倍，Z3 号监测井硝酸盐氮超标 0.35 倍、亚硝酸盐氮超标 0.5 倍，Z5 号监测井氨氮超标 4.2 倍、硝酸盐氮超标 0.35 倍，Z4 号监测井井没有出现超标因子，Z2 号监测井超标因子最多。

丰水期出现超标的因子有 pH、硝酸盐氮、亚硝酸盐氮，其中 Z1 号监测井 pH 超标 0.06 倍、硝酸盐氮超标 1.58 倍、亚硝酸盐氮超标 40.5 倍，Z2 号监测井 pH 超标 0.15 倍、亚硝酸盐氮超标 1.5 倍，Z3 号监测井硝酸盐氮超标 0.93 倍、亚硝酸盐氮超标 1.5 倍，Z4 号监测井硝酸盐氮超标 1.08 倍、亚硝酸盐氮超标 1.5 倍，Z5 号监测井硝酸盐氮超标 1.45 倍、亚硝酸盐氮超标 1 倍。

本次的监测井监测结果见表 4-11 及表 4-12。2017 年 8 月 12 日出现超标的因子有氨氮、硝酸盐氮、亚硝酸盐氮、总硬度、溶解性总固体、高锰酸盐指数、硫酸盐，其中 DXS-012 号监测井亚硝酸盐氮超标 2.15 倍、总硬度超标 0.1 倍，DXS-013 号监测井硝酸盐氮超标 0.45 倍、亚硝酸盐氮超标 4.55 倍、总硬度超标 0.5 倍、溶解性总固体超标 0.45 倍、高锰酸盐指数超标 0.47 倍、硫酸盐超标 0.86 倍，DXS-015 号监测井氨氮超标 0.33 倍，DXS-016 号监测井氨氮超标 0.4 倍，DXS-017 号监测井氨氮超标 0.36 倍，DXS-014 号监测井没有出现超标因子，DXS-013 号监测井超标因子最多。

2017 年 8 月 13 日出现超标的因子有氨氮、硝酸盐氮、亚硝酸盐氮、总硬度、溶解性总固体、高锰酸盐指数、硫酸盐，其中 DXS-012 号监测井亚硝酸盐氮超标 1.9 倍、总硬度超标 0.09 倍，DXS-013 号监测井硝酸盐氮超标 0.51 倍、亚硝酸盐氮超标 3.95 倍、总硬度超标 0.5 倍、溶解性总固体超标 0.44 倍、高锰酸盐指数超标 0.77 倍、硫酸盐超标 0.88 倍，DXS-015 号监测井氨氮超标 0.03 倍，DXS-016 号监测井氨氮超标 0.65 倍，DXS-017 号监测井氨氮超标 0.39 倍，DXS-014 号监测井没有出现超标因子，DXS-013 号监测井超标因子最多。

　　氨氮、硝酸盐、亚硝酸盐超标主要是与当地居民的生活习惯及井口卫生管理不善有关。总硬度、溶解性总固体、硫酸盐、高锰酸盐指数和 pH 超标主要与地质条件有关。5 年的时间范围内，超标因子变化不大，超标倍数有所降低。其中 Z5 和 DXS-016 相距较近，均出现氨氮超标，Z2 和 DXS-013 相距较近，均出现总硬度、溶解性总固体、亚硝酸盐氮、硫酸盐超标。

表 4-8 枯水期地下水水质监测及计算结果（单位：pH 无量纲，总大肠菌群为个/L，细菌总数为个/mL，其余指标为 mg/L）

监测点	日期	pH值	总硬度	溶解性总固体	氨氮	硝酸盐氮	亚硝酸盐氮	挥发性酚	总氰化物	硫酸盐	氯化物	氟化物	砷	汞	镉	铬(六价)	铜	锌	铅	铁	细菌总数	大肠菌群
Z1	2013.4.18	8.05	235.21	438.25	0.07	29.2	0.27			96.06	33.68	0.64	<0.010	<0.0001	<0.001	<0.010	<0.050	<0.050	<0.010		82	
	标准指数	0.7	0.52	0.44	0.35	1.46	13.50			0.38	0.13	0.64										0.82
Z2	2013.4.18	7.51	593.03	1178.55	0.11	5.5	0.07			405.85	196.75	0.92	<0.010	<0.0001	<0.001	<0.010	<0.050	<0.050	<0.010		85	
	标准指数	0.34	1.32	1.18	0.55	0.28	3.50			1.62	0.79	0.92										0.85
Z3	2013.4.18	7.7	282.75	558.9		27.0	0.03			141.69	62.04	0.77	<0.010	<0.0001	<0.001	<0.010	<0.050	<0.050	<0.010		93	
	标准指数	0.47	0.63	0.56		1.35	1.50			0.57	0.25	0.77										0.93
Z4	2013.4.18	7.75	342.81	626.87		16.5				132.08	63.81	0.64	<0.010	<0.0001	<0.001	<0.010	<0.050	<0.050	<0.010		88	
	标准指数	0.5	0.76	0.63		0.83				0.53	0.26	0.64										0.88

续表

监测点	日期	pH值	总硬度	溶解性总固体	氨氮	硝酸盐氮	亚硝酸盐氮	挥发性酚	总氰化物	硫酸盐	氯化物	氟化物	砷	汞	镉	铬(六价)	铜	锌	铅	铁	细菌总数	大肠菌群
Z5	2013.4.18	8.01	307.78	708.6	1.04	27				158.5	109.9	0.84	<0.010	<0.0001	<0.001	<0.010	<0.050	<0.050	<0.010		38	
	标准指数	0.67	0.68	0.71	5.20	1.35		0.00 02	05	0.63	0.44	0.84									0.38	
	《地下水质量标准》III类标准	6.5~8.5	450	1000	0.2	20	0.02			250	250	1	0.05	0.001	0.01	0.05	1	1	0.05	0.3	100	3

表 4-9 丰水期地下水水质监测及计算结果（单位：pH 无量纲，总大肠菌群为个/L，细菌总数数为个/mL，其余指标为 mg/L）

监测点	日期	pH值	总硬度	溶解性总固体	氨氮	硝酸盐氮	亚硝酸盐氮	挥发性酚	总氰化物	硫酸盐	氯化物	氟化物	砷	汞	镉	铬(六价)	铜	锌	铅	铁	细菌总数	大肠菌群
Z1	2013.8.28	8.59	285.26	596.37		51.5	0.83			163.3	69.1	0.84	<0.010	<0.0001	<0.001	<0.010	<0.050	<0.050	<0.010		64	
	标准指数	1.06	0.63	0.60		2.58	41.50			0.65	0.28	0.84									0.64	

续表

监测点	日期	pH值	总硬度	溶解性总固体	氨氮	硝酸盐氮	亚硝酸盐氮	挥发性酚	总氰化物	硫酸盐	氯化物	氟化物	砷	汞	镉	铬(六价)	铜	锌	铅	铁	细菌总数	大肠菌群
Z2	2013.8.28	8.72	335.3	619.11		10.2	0.05			158.5	60.27	0.4	<0.010	<0.0001	<0.001	<0.010	<0.050	<0.050	<0.010	<0.010	76	
	标准指数	1.15	0.75	0.62		0.51	2.50			0.63	0.24	0.40									0.76	
Z3	2013.8.28	8.29	220.20	488.42		38.5	0.05			105.67	35.45	0.45	<0.010	<0.0001	<0.001	<0.010	<0.050	<0.050	<0.010	<0.010	75	
	标准指数	0.86	0.49	0.49		1.93	2.50			0.42	0.14	0.45									0.75	
Z4	2013.8.28	8.29	280.25	687.01		41.5	0.05			153.7	99.26	0.9	<0.010	<0.0001	<0.001	<0.010	<0.050	<0.050	<0.010	<0.010	69	
	标准指数	0.86	0.62	0.69		2.08	2.50			0.61	0.40	0.90									0.69	
Z5	2013.8.28		235.21	550.58	0.07	49	0.04			115.27	69.13	0.88	<0.010	<0.0001	<0.001	<0.010	<0.050	<0.050	<0.010	<0.010	36	
	标准指数		0.52	0.55	0.35	2.45	2.00			0.46	0.28	0.88									0.36	
《地下水质量标准》Ⅲ类标准		6.5~8.5	450	1000	0.2	20	0.02	0.002	0.05	250	250	1	0.05	0.001	0.01	0.05	1	1	0.05	0.3	100	3

表4-10 2017.08.12地下水水质监测及计算结果（单位：pH无量纲，总大肠菌群为个/L，细菌总数为个/mL，其余指标为 mg/L）

监测点	日期	pH值	氨氮	硝酸盐氮	亚硝酸盐氮	挥发酚	氰化物	砷	汞	六价铬	总硬度	铅	*氟化物	镉	铁	锰	溶解性总固体	高锰酸盐指数	氯化物	硫酸盐	总大肠菌群	细菌总数
DXS-012	2017.08.12	7.48	0.066	8.81	0.063						495		0.676				825	1.6	91	208	<2	43
	标准指数	0.32	0.33	0.44	3.15						1.10		0.68				0.83	0.53	0.36	0.83	0.67	0.43
DXS-013	2017.08.12	7.6	0.077	29.09	0.111						675		0.627				1450	4.4	210	464	<2	62
	标准指数	0.40	0.39	1.45	5.55						1.50		0.63				1.45	1.47	0.84	1.86	0.67	0.62
DXS-014	2017.08.12	8.03	0.097	2.92	0.002						142		0.686				288	0.8	13	37	<2	23
	标准指数	0.69	0.49	0.15	0.10						0.32		0.69				0.29	0.27	0.05	0.15	0.67	0.23
DXS-015	2017.08.12	7.69	0.266	8.35	0.006						334		0.916				602	1.5	65	114	<2	30
	标准指数	0.46	1.33	0.42	0.30						0.74		0.92				0.60	0.50	0.26	0.46	0.67	0.30
DXS-016	2017.08.12	7.61	0.28	0.08							356		0.925				581	1.7	42	113	<2	29
	标准指数	0.41	1.40	0.00							0.79		0.93				0.58	0.57	0.17	0.45	0.67	0.29
DXS-017	2017.08.12	7.72	0.271	12.13							354		0.891				612	1.1	100	111	<2	35
	标准指数	0.48	1.36	0.61							0.79		0.89				0.61	0.37	0.40	0.44	0.67	0.35

表4-11 2017.08.13地下水水质监测及计算结果（单位：pH无量纲，总大肠菌群为个/L，细菌总数为个/mL，其余指标为 mg/L）

监测点	日期	pH值	氨氮	硝酸盐氮	亚硝酸盐氮	挥发酚	氰化物	砷	汞	六价铬	总硬度	铅	*氟化物	镉	铁	锰	溶解性总固体	高锰酸盐指数	氯化物	硫酸盐	总大肠菌群	细菌总数
DXS-012	2017.08.13	7.42	0.068	8.92	0.058						492		0.716				833	1.8	90	212	<2	46
	标准指数	0.28	0.34	0.45	2.90						1.09		0.72				0.83	0.60	0.36	0.85	0.67	0.46
DXS-013	2017.08.13	7.61	0.074	30.11	0.099						676		0.62				1436	5.3	210	470	<2	68
	标准指数	0.41	0.37	1.51	4.95						1.50		0.62				1.44	1.77	0.84	1.88	0.67	0.68
DXS-014	2017.08.13	8.06	0.115	3.05	0.003						147		0.864				313	0.6	13	41	<2	27
	标准指数	0.71	0.58	0.15	0.15						0.33		0.86				0.31	0.20	0.05	0.16	0.67	0.27
DXS-015	2017.08.13	7.71	0.205	8.17	0.005						330		0.844				597	1.2	66	115	<2	32
	标准指数	0.47	1.03	0.41	0.25						0.73		0.84				0.60	0.40	0.26	0.46	0.67	0.32
DXS-016	2017.08.13	7.36	0.329	0.06							357		0.494				580	1.8	41	116	<2	31
	标准指数	0.24	1.65	0.00							0.79		0.49				0.58	0.60	0.16	0.46	0.67	0.31
DXS-017	2017.08.13	7.65	0.277	12.08							352		0.786				600	1.1	101	110	<2	37
	标准指数	0.43	1.39	0.60							0.78		0.79				0.60	0.37	0.40	0.44	0.67	0.37

第3章 红庆梁煤矿地下水资源现状及保护措施

3.1 采煤沉陷"导水裂缝带"高度评估

井下煤炭采出后，采空区周围的岩层发生位移，变形乃至破坏，上覆岩层根据变形和破坏的程度不同分为冒落、裂缝和弯曲三带，其中裂缝带又分为连通和非连通两部分，通常将冒落带和裂缝带的连通部分称为导水裂缝带。井下开采对上覆含水层的影响程度主要取决于覆岩破坏形成的导水裂缝带高度是否波及水体。

导水裂隙带发育高度与煤层赋存地质条件、顶板岩性、煤层开采厚度等均有密切关系。根据《建筑物、水体、铁路及主要井巷煤柱留设与压煤开采规程》，煤层开采后的导水裂缝带高度可参照表4-12中的公式进行计算。

表4-12　缓倾斜和倾斜煤层开采时导水裂缝带高度计算

序号	覆岩岩性	经验公式之一/m	经验公式之二/m
1	坚硬	$H_{li} = \dfrac{100 \sum M}{1.2 \sum M + 2.0} \pm 8.9$	$H_{li} = 30\sqrt{\sum M} + 10$
2	中硬	$H_{li} = \dfrac{100 \sum M}{1.6 \sum M + 3.6} \pm 5.6$	$H_{li} = 20\sqrt{\sum M} + 10$
3	软弱	$H_{li} = \dfrac{100 \sum M}{3.1 \sum M + 5.0} \pm 4.0$	$H_{li} = 10\sqrt{\sum M} + 5$
4	极软弱	$H_{li} = \dfrac{100 \sum M}{5.0 \sum M + 8.0} \pm 3.0$	

注：M为采厚。

煤层分层开采的垮落带高度可参照表4-13计算。

表 4-13　垮落带高度计算公式

序号	覆岩岩性(单向抗压强度及主要岩石名称)/MPa	计算公式/m
1	坚硬(40~80, 石英砂岩、石灰岩、砂质页岩、砾岩)	$H = \dfrac{100 \sum M}{2.1 \sum M + 16} \pm 2.5$
2	中硬(20~40, 砂岩、泥质灰岩、砂质灰岩、页岩)	$H = \dfrac{100 \sum M}{4.7 \sum M + 19} \pm 2.2$
3	软弱(10~20, 泥岩, 泥质砂岩)	$H = \dfrac{100 \sum M}{6.2 \sum M + 32} \pm 1.5$
4	极软弱(<10, 铝土岩、风化泥岩、黏土、砂质黏土)	$H = \dfrac{100 \sum M}{7.0 \sum M + 63} \pm 1.2$

导水裂隙带发育高度与煤层赋存地质条件、顶板岩性、煤层开采厚度、采煤方法、顶板管理方法等均有密切关系。根据井田内钻孔煤层顶底板岩石物理力学样测试成果，红庆梁井田煤层顶底板岩石主要为砂质泥岩、细粒砂岩、粉砂岩，次为中粗粒砂岩。由试验结果可知，岩石的抗压强度很低，大部分在 30MPa 以下，抗剪与抗拉强度则更低，砂质泥岩类吸水状态抗压强度明显降低，多数岩石遇水后软化变形，甚至崩解破坏，软化系数均小于 0.75，因此，煤层顶底板岩石大部分为软弱岩石。因此，本次采煤沉陷导水裂缝带高度预测选用覆岩岩性为"软弱"的计算公式。

本此选定以下公式计算跨落带、导水裂缝带，其中公式(2)和公式(3)中取大者作为导水裂缝带高度。

$$H_{\mathrm{m}} = \frac{100 \sum M}{6.2 \sum M + 32} \pm 1.5 \tag{1}$$

即：

$$H_{\mathrm{li}} = \frac{100 \sum M}{3.1 \sum M + 5.0} \pm 4.0 \tag{2}$$

$$H_{\mathrm{li}} = 10\sqrt{\sum M} + 5 \tag{3}$$

$$M_{1-2} = M_2 + \left(M_1 - \frac{H_{1-2}}{y_2}\right) \tag{4}$$

式中　H_{li}——导水裂隙带高度，m；

　　　　H_{m}——冒落带高度，m；

H_b——保护层带厚度，m；

$\sum M$——累计采厚，m；

M——煤层法线厚度，m；

M_1——上层煤开采厚度，m；

M_2——下层煤开采厚度，m；

H_{1-2}——上、下煤层之间法线距离，m；

y_2——下层煤的冒高与采厚之比。

本矿井各可开采煤层冒落带、导水裂缝带高度计算结果见表4-14。

表4-14　煤层开采后垮落带、导水裂缝带高度

煤组号	煤层号	可采厚度/m 最小值~最大值 平均值(点数)	冒落带高度/m	导水裂缝带高度/m	可采程度
2 煤组	2-2 上	0.80~2.81 1.36(22)	3.665~7.186 4.864	13.944~21.763 16.662	局部可采
	2-2 中	0.82~3.71 1.96(39)	3.711~8.245 5.939	14.055~24.261 19.000	大部可采
	2-2 下	0.80~2.53 1.22(22)	3.665~6.806 4.584	13.944~20.906 16.045	局部可采
3 煤组	3-1	1.50~6.85 4.89(80)	5.132~10.698 9.347	17.247~31.173 27.113	全区可采
4 煤组	4-1	0.81~4.43 2.67(68)	3.688~8.950 6.999	14.000~26.048 21.340	大部可采
	4-2	0.83~5.30 2.17(67)	3.734~9.671 6.274	14.110~28.0219.731	大部可采

本次收集了井田内所有地质剖面和地质钻孔资料，根据上述公式计算了各剖面上各钻孔主要可采煤层冒落带、导水裂缝带高度。由导水裂缝带高度计算结果可知，本井田煤炭开采形成的导水裂隙带最大高度为8.16~31.17m，由于主要可采煤层埋藏深度相对较深，所有钻孔资料显示导水裂缝带最大发育高度仅导入煤层所在的中下统侏罗系延安组第三岩段(J_{1-2y}^3)，且侏罗系延安组顶部上覆由泥岩、砂质泥岩等组成的隔水层，该隔水层的厚度较为稳定，连续性好，因此不会对白垩系下统志丹群孔隙潜水-承压含水层和第四系松散层潜水含水层造成导通影响。

74

3.2 矿坑涌水量评估

（1）矿床充水因素及其水文地质边界确定。

未来矿床的主要充水水源为地下水，充水通道为揭穿含水层的井巷、封闭不良的钻孔等。矿区第四系（Q）孔隙潜水含水层的富水性较弱，白垩系下统志丹群（K_{1zh}）潜水含水层的富水性弱，侏罗系中统（J_2）承压水含水层富水性弱，煤系地层上部隔水层的隔水性能较好，煤系地层上部潜水与承压水含水层是矿床的次要充水因素。侏罗系中下统延安组（J_{1-2y}）承压水含水层富水性弱，因其是含煤地层，所以也是矿床的主要充水含水层，是矿床的主要充水因素。三叠系上统延长组（T_{3y}）承压含水层富水性弱，是矿床的次要充水因素，且与上部含水层的水力联系不大。因此本次主要预测侏罗系中下统延安组（J_{1-2y}）压水及白垩系下统志丹群（K_{1zh}）-侏罗系中统（J_2）潜水、承压水对矿坑的涌水量。假定本区水文地质边界条件为均质，近水平无限含水层，计算边界为矿区先期开采地段所圈定的范围。

（2）计算方法及水文地质参数选择。

根据矿区水文地质边界条件及充水因素，选用如下方法计算矿坑涌水量：

稳定流大井法：

承压-潜水完整井计算公式：

$$Q_{承-潜} = \frac{1.366k(2H - M)M}{\lg \dfrac{R_0}{r_0}}$$

式中　Q——预测的矿坑涌水量，m^3/d；

　　　K——渗透系数，m/d，利用 HQ60、HQ83 号钻孔抽水试验资料；

　　　H——水柱高度，m，为 HQ60、HQ83 号钻孔地下水位标高与矿坑最低开采水平标高之差；

　　　S——水位降深，m，矿坑疏干时 $S \approx H$；

　　　m——含水层厚度，m，利用 HQ60、HQ83 号钻孔含水层厚度；

　　　R_0——引用影响半径，$R_0 = R + r_0$，m；

　　　R——矿坑排水影响半径，m，取经验数值；

　　　r_0——引用半径，m，用相关公式计算所得，$r_0 = \sqrt{\dfrac{F}{\pi}}$；

　　　F——先期开采地段面积，m^2。

上述水文地质参数依据 HQ60、HQ83 号钻孔抽水试验资料、相关公式及经验数值而确定，计算参数值见表 4-15。

表 4-15　矿坑涌水量计算参数表

含水层	$K/(m/d)$	H/m	m/m	r_0/m	R/m	R_0/m	F/m^2
K_{1zh}-J_2	0.00540	282.50	241.37	1861	800	2661	10880000
J_{1-2y}^3	0.0134	324.96	47.34	1861	900	2761	10880000
J_{1-2y}^2	0.0387	437.90	17.14	1861	1000	2861	10880000

（3）计算结果及可靠性评价。

把选择的水文地质参数代入计算公式，得出预测的矿坑涌水量见表 4-16。

表 4-16　矿坑涌水量计算结果表

含水层	K_{1zh}-J_2	J_{1-2y}^3	J_{1-2y}^2
涌水量 $Q/(m^3/d)$	$Q_{承-潜}$ = 3710	$Q_{承}$ = 3048	4166

本次矿坑涌水量预测，所确定矿床的充水因素及水文地质边界条件正确，选择的计算方法及水文地质参数合理。因此，预测的矿坑涌水量可靠性较高。这次预测的是整个先期开采地段所形成的坑道系统最低开拓水平的涌水量。未来煤矿初期局部开采时，矿坑涌水量可能会减小，但当巷道沟通 Q_4^{al+pl} 潜水及地表水体时，矿坑涌水量则会明显增大，甚至发生透水事故。

（4）矿区供水水源评价。

由涌水量预算结果可看出，矿坑涌水量较大，但这是预测的全矿区矿坑最低开拓水平的最大涌水量，未来煤矿分片分水平局部开采时，矿坑排水量不会太大，但地下水水质较好，可以采取矿坑水的排供综合利用，可作为矿区供水水源。

矿区沟谷发育，第四系冲洪积（Q_4^{al+pl}）潜水含水层的富水性较强，透水性与导水性能良好，地下水量丰富，水质良好，在较大的艾来色太沟及耳字沟中采用大口井或地下截伏流法取水，可以获得较为丰富的地下水量，是未来周边居民的主要供水水源。

3.3　煤炭开采对煤层直接充水含水层的评估

煤层采出后形成的导水裂隙带所波及对矿井有充水影响的含水层为矿井主要充水水源—侏罗系中下统延安组（J_{1-2y}）承压水含水层。根据井田开拓方式及沉陷预测阶段划分，第一阶段为首采区全部采完，开采煤层为 2-2 中和 3-1 煤，开采时间为 16 年，第二阶段为一水平（975m）全部采完，开采 3-1 号煤层，开采时间为 56 年，第三阶段为全井田全部煤层采完，分为三个阶段分析煤炭开采对含水层的影响范围和程度。

（1）影响半径计算。

根据地下水导则附录公式：

$$R_o = R + r_o$$

$$R = 10S\sqrt{K}$$

$$r_o = \sqrt{\frac{F}{\pi}}$$

式中　R_o——引用影响半径，m；

　　　R——影响半径，m；

　　　r_o——引用半径，m；

　　　S——抽水降深，m；

　　　K——渗透系数，m/d

　　　F——开采面积，m^2。

利用 HQ60、HQ83 号钻孔抽水试验数据进行计算，各阶段影响半径、引用半径和引用影响半径的数值具体见表4-17。

表4-17　影响半径计算结果表

分阶段	开采地段面积/km²	水位降深/m	渗透系数/（m/d）	影响半径/m	引用半径 r_0/m	引用影响半径/m
首采区采完	19.965	448	0.0134	518.6	2521	3039.6
一水平全部采完	76.37	460	0.0134	541.7	4931	5472.7
全井田采完	76.37	566	0.0134	655.2	4931	5586.2

根据上述参数计算得首采区矿井排水最大水位降深时的地下水影响半径为518m，全井田采完矿井排水最大时，地下水影响半径为655m。

（2）影响程度预测。

根据地下水导则附录公式：

$$s = \frac{Q_i}{2\pi T} \cdot \ln \frac{R_i}{r_i}$$

式中　s——预测点水位降深，m；

　　　Q——矿井涌水量，m^3/d；

　　　T——承压含水层的导水系数，m^2/d；

　　　R_i——影响半径，m；

　　　r_i——预测点到开采区域边界的距离，m^3/d。

考虑到开采一水平时，对直接充水含水层的疏排水，在开采下组煤时矿井涌水量会减少。因此，本次评价主要预测一水平开采完的前56年，水位降深的变化情况。设定矿井涌水量和导水系数分别为7920m³/d和0.54m²/d，则第一阶段和第二阶段煤系含水层水位降深随预测点距离开采区域边界距离的变化趋势，见图4-3和图4-4。

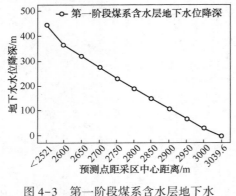

图4-3 第一阶段煤系含水层地下水水位降深影响程度

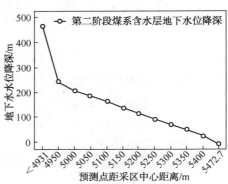

图4-4 第二阶段煤系含水层地下水水位降深影响程度

由计算结果分析可知，第一阶段，地下水水位最大的降深为448m，影响半径为518m，第二阶段，地下水水位最大的降深为468m，影响半径为541m。地下水受煤炭开采的影响程度一般以地下水水头下降的多少来衡量，水位下降愈大的地方距离坑道系统边缘愈近，水面坡度愈陡；距坑道系统边缘愈远，水位下降愈小，水面坡度愈缓。

3.4 煤炭开采对地下水含水层的影响评估

根据井田内地下水的水力性质及赋存条件的不同，地下水可划分为两大类，即松散岩类孔隙潜水含水岩组和碎屑岩类孔隙、裂隙承压水含水岩组。主要包括：①第四系(Q)松散层潜水含水层；②白垩系下统志丹群(K_{1zh})孔隙潜水~承压水含水层；③侏罗系中统(J_2)碎屑岩类承压水含水层；④侏罗系中下统延安组(J_{1-2y})碎屑岩类承压水含水层；⑤三叠系上统延长组(T_{3y})碎屑岩类承压水含水层。按照含水层分布与煤系地层的位置关系，分为四个类型：浅部含水层、煤系地层上覆含水层、煤系地层含水层和煤系地层下伏含水层。浅部含水层主要包括第四系(Q)松散层潜水含水层和白垩系下统志丹群(K_{1zh})孔隙潜水~承压水含水层；本井田含煤地层为侏罗系中下统延安组；煤系上覆含水层主要包括侏罗系中统(J_2)碎屑岩类承压水含水层；煤系下伏含水层主要包括三叠系上统延长组(T_{3y})碎屑岩类承压水含水层。

（1）对浅部含水层影响分析。

第四系（Q）松散层潜水含水层岩性为灰黄色黄土、残坡积砂土（Q_{3-4}）、冲洪积砂砾石（Q_4^{al+pl}）、风积砂（Q_4^{eol}）等，在区内广泛分布，冲洪积物主要分布在沟谷河床及阶地上，黄土、风积砂、残坡积物主要分布在山梁坡地及沟谷两侧，多为透水不含水层。

白垩系下统志丹群（K_{1zh}）孔隙潜水～承压水含水层岩性为各种粒级的砂岩、砂砾岩及砾岩，夹砂质泥岩，含水层的富水性弱。

根据导水裂缝带计算结果，本井田煤炭开采所形成的导水裂缝带发育高度为8.16～31.17m，导水裂缝带大部分导入中下统侏罗系延安组第三岩段，距离安定组底板140～200m，距离下白垩统志丹群含水岩组（K_{1zh}）距离约314m，距离第四系约437m。煤炭开采对该区域的浅部含水层的影响不大。同时考虑到红庆梁井田地处丘陵区，为构造剥蚀高原，开采沉陷引起的地表起伏与原有的地表自然起伏相比甚小，不会明显改变地貌地形，对潜水含水层的影响亦不大。

（2）对煤系上覆含水层的影响分析。

本井田煤系地层上覆含水层为侏罗系中统（J_2）碎屑岩类承压水含水层。该含水层岩性为浅黄色、青灰色中粗粒砂岩、含砾粗粒砂岩，紫红色、杂色粉砂岩及泥岩与砂质泥岩，含水层的富水性弱，地下水的径流条件差。

根据导水裂缝带计算结果可知，本井田内导水裂缝带没有导入该含水层，但在构造发育处，导水裂缝带距离该含水层较近，侏罗系中统（J_2）碎屑岩类承压水含水层为矿井充水的次要因素，由于煤系含水层水位的大幅下降，使得侏罗系中统含水层和煤系含水层形成较大的水位差，加强了两含水层之间的越流补给，因此，侏罗系中统含水层水位受到了一定程度的影响，该含水层部分承压水将会沿着导水裂缝带流入矿井。但考虑到，该含水层富水性弱、透水性与导水性能差，同时地下水的径流条件亦差。因此，本井田煤炭开采所产生的导水裂缝带对侏罗系中统（J_2）碎屑岩类承压水含水层不会造成较大的影响。

（3）对煤系含水层的影响分析。

本井田的煤系地层为侏罗系中下统延安组（J_{1-2y}）碎屑岩类承压水弱含水层。该含水层岩性主要为灰白色中粗粒砂岩、深灰色砂质泥岩，次为细粒砂岩、粉砂岩等，该含水层的富水性弱，透水性与导水性能差，地下水的补给条件与径流条件均较差，为矿井的直接充水含水层和主要充水含水层。

井田所有可采煤层均分布于侏罗系中下统延安组地层中，煤矿开采必然导通侏罗系中下统延安组（J_{1-2y}）碎屑岩类承压水含水层，碎屑岩类承压水含水层中部分地下水通过导水裂缝带渗入到开采区而被疏排，最终以矿井水的形式排出。因此，煤矿开采会对侏罗系中下统延安组(J_{1-2y})碎屑岩类承压水弱含水层产生较大的影响。

（4）对煤系地层下伏含水层影响分析。

煤系下伏地层为三叠系上统延长组(T_{3y})碎屑岩类承压水含水层，该含水层岩性主要为灰绿色中粗粒砂岩、含砾粗粒砂岩，夹杂色砂质泥岩。含水层的富水性弱，透水性能差，与上部含水层的水力联系较小。

三叠系上统延长组(T_{3y})碎屑岩类承压水含水层位于各开采煤层以下，所有可采煤层开采导水裂缝带均不会影响三叠系上统延长组(T_{3y})碎屑岩类承压水含水层。且其上伏侏罗系中下统延安组底部隔水层，岩性以深灰色粉砂岩、砂质泥岩为主，隔水层厚度 16.08m，厚度较为稳定，分布较连续，隔水性能较好。因此，煤矿开采对三叠系上统延长组(T_{3y})碎屑岩类承压水含水层的影响较小。

3.5 煤炭开采对于民井和泉的影响评估

井田范围内人口密度小，耕地少，农业化程度低，大部分地区以牧业为主，每户牧民居住相距约 2~3km。根据本次实地调查，井田及周边范围内共包括 16 个自然村，村庄基本情况统计表见表 4-18。区内当地居民主要靠水井供水，水井主要分布在沟谷及阶地上，井深 5~15m，主要取第四系含水层的地下水。目前，矿上用水主要取自矿井水及购买的桶装水。

表 4-18 村庄基本情况统计表

序号	自然村	所属乡镇	所属行政村	户数	人口	饮用水源	位置
1	洪炭沟	昭君镇	高头窑村	22	76	水井	井田内
2	虎石壕	昭君镇	高头窑村	31	104	水井	井田内
3	牛家沟	昭君镇	高头窑村	26	67	水井	井田内
4	马利昌汉沟	昭君镇	高头窑村	36	108	水井	井田外
5	红庆梁	昭君镇	高头窑村	29	81	水井	井田内
6	上劳场湾	昭君镇	高头窑村	24	68	水井	井田外
7	劳场湾	昭君镇	高头窑村	38	116	水井	井田外
8	榆树沟	昭君镇	高头窑村	18	48	水井	井田外
9	盐路渠	昭君镇	石巴圪图村	25	68	水井	井田内
10	宋家梁北队	昭君镇	石巴圪图村	25	101	水井	井田内
11	石巴圪图	昭君镇	石巴圪图村	28	84	水井	井田内

序号	自然村	所属乡镇	所属行政村	户数	人口	饮用水源	位置
12	补拉湾社	昭君镇	石巴圪图村	34	120	水井	井田内
13	鄂来北社	昭君镇	石巴圪图村	26	149	水井	井田内
14	鄂来南社	昭君镇	石巴圪图村	29	142	水井	井田内
15	郭家渠	昭君镇	石巴圪图村	30	118	水井	井田内
16	宋家梁南队	昭君镇	石巴圪图村	21	57	水井	井田外
	合计			442	1507		

红庆梁井田煤层埋藏较深,煤炭开采对第四系及风化带含水层影响不大。考虑到煤矿开采会造成地表沉陷,对局部第四系含水层流场产生影响,从煤层赋存条件及地形地貌条件分析,井田西北部的耳字沟基本位于本矿的无煤区范围内,不受采煤沉陷的影响,煤炭开采对分布在该范围内的水井没有影响;区内的洪炭沟、小艾来色太沟、榆树沟等均为艾来色太沟支流,根据沉陷预测结果可知其下沉值在 0.01~11m,艾来色太沟在井田内的沟道高差大于 60m,对整体地形影响不大,水力梯度整体趋势不变,因此,煤炭开采对该区域的第四系含水层流场及该区域内水井的影响不大。为了进一步保证居民用水安全,根据开采接续、沉陷影响预测结果,结合搬迁时序,对居民水井进行长期监测。

3.6 红庆梁煤矿地下水资源保护技术措施

本井田对地下水资源保护的重点为煤系地层疏排水的综合利用和居民水源的保护,下面将对这两方面的保护措施进行阐述。

(1)煤系地层疏排水的利用措施。

项目开采对煤系含水层破坏不可避免,该部分水资源主要以矿井水的方式产生。根据地质报告和设计文件,本矿井前期正常排水量为 7920m³/d,后期排水量 13642m³/d。矿井水主要污染物为无机悬浮物,矿井水处理站处理能力按 800m³/h 设计,初期处理站处理能力 400m³/h(处理规模 8000m³/d)。设计按照"分质供水"原则,根据不同用途,对矿井水进行不同深度的处理,总体处理工艺为混凝、沉淀、气浮、消毒、反渗透处理工艺,处理后的矿井水回用于矿井和选煤厂的生产和一般生活用水(不包括生活饮用水),剩余部分(前期 2679m³/d,后期 8156m³/d)送往蓄水池综合利用,不外排。因此,通过矿井水处理厂的建设,能够最大程度减小地下水资源的浪费,最大程度地提高了矿井水再回用率,提高了地下水资源的利用率。

（2）居民用水保护措施。

根据前面影响分析，红庆梁煤矿开采对居民水井水位影响不大，为了居民用水安全，结合不同的开采阶段沉陷的影响及搬迁计划，选取部分居民水井进行长期监测，保证居民用水安全。

红庆梁周边居民主要在沟谷及阶地打水井用于生活及灌溉，一旦由于采矿引起地表沉陷造成水井废弃，或由于煤矿疏排水造成水井水位下降，建设单位一方面应根据实际情况对水井进行维修、更新；另一方面根据环境影响报告书的计划对采空区的 83 户居民进行整体搬迁。

第4章 红庆梁煤矿典型地段工程区对地下水环境的潜在影响及防治措施

选取红庆梁煤矿典型地段，矿工业场地和填沟造地工程区对地下水环境的潜在影响及防治措施进行研究。

4.1 典型工段工程区地形地质及包气带渗水条件

（1）红庆梁煤矿典型地段——工业场地和填沟造地工程区地形地质条件。

矿井工业场地位于井田中东部的小艾来色太沟北侧，地形标高为+1391～+1423m，占地面积约38.96hm²。填沟造地工程区位于风井场地西侧约50m处的沟谷内，占地面积14.05hm²，容量约220×10⁴m³，服务年限5年。填沟造地工程区位于工业场地西侧1200m的沟谷内，地质条件与工业场地相似。

根据《杭锦旗西部能源开发有限公司红庆梁矿井选煤厂工业场地岩土工程勘察报告》，结合地质调查和现场钻探情况，该场地上部为填土、第四系风积沙、粉土和粗砂、砾砂，下部为残积土和白垩系下统志丹群东胜组（K_{1zh}）细砂岩。场地地层结构比较简单，按地层沉积年代、成因类型、力学性质将本次勘探深度内地层划分为7大层。地层自上而下分述如下：

① 层素填土（Q_4^{ml}）。为新近平场堆积而成，杂色，稍湿，松散～稍密，局部中密，本层回填时虽经分层碾压，但效果较差。填土以粉细砂、砂岩残积土为主，土质不均。层厚0.90～8.80m，平均厚度为4.93m。层底标高1389.45～1410.88m。

② 层黄土状粉土（Q_4^{eol}）。褐黄色，稍湿，稍密，含粉砂，具有湿陷性，不具自重湿陷性，湿陷性轻微。场地内局部分布，主要分布于场地的东南侧。层厚0.50～5.50m，层底标高1387.45～1413.41m。

③ 层粉细砂（Q_4^{eol}）。褐黄色，稍湿，稍密～中密，矿物成分以石英、长石为主，含较多粉粒。场地内普遍分布（部分挖方地段除外），层厚0.60～6.30m，层底标高1387.30～1412.01m。

④ 层粗、砾砂（Q_4^{al+pl}）。褐黄色，稍湿～湿，密实，矿物成分以石英、长石为主，质不纯，含较多黏性土，主要分布于场地的西侧、南侧。层厚0.30～6.30m，层底标高1388.10～1409.95m。

⑤层残积土(Q_4^{eol})。褐黄色、杏黄色，湿，坚硬，为⑥层砂岩的残积土，以砾质黏性土、砂质黏性土为主，局部夹岩块。场地内较普遍分布，层厚0.50~7.00m，层底标高1388.18~1410.91m。

⑥层细砂岩(K_{1zh})。紫红色，局部为蓝灰色，强风化，钙质、泥质胶结，细粒结构，层状构造，具交错层理，层间含砾，夹有砾岩、泥岩和薄层较硬砂岩。该层成岩作用差，呈半胶结状态，属半成岩。具有明显的饱和软化、干燥收缩、吸水崩解特性，属极软岩，岩体质量基本等级为Ⅴ级，天然单轴抗压强度为0.13~0.59MPa，平均值为0.27MPa。本次勘探部分未穿透该层。

⑦层细砂岩(K_{1zh})。蓝灰色，局部为紫红色，强风化~中风化，钙质、泥质胶结，细粒结构，层状构造，具交错层理，层间含砾较多，夹有砾岩、泥岩和薄层较硬砂岩。该层成岩作用差，呈半胶结状态，属半成岩。具有明显的饱和软化、干燥收缩、吸水崩解特性，属极软岩，岩体质量基本等级为Ⅴ级，天然单轴抗压强度为0.53~1.69MPa，平均值为1.10MPa。本次勘探未穿透该层。

(2)红庆梁煤矿典型地段——矿工业场地和填沟造地工程区包气带渗水试验。

渗水试验是野外测定包气带非饱和松散岩层渗透系数的常用简易方法，最常用的是试坑法、单环法和双环法。本次工作分别在工业场区进行2组渗水试验，在填沟造地区进行2组渗水试验，试验采用单环法。当渗入的水量达到稳定时，再利用达西定律的原理求出野外松散岩层的渗透系数。包气带渗水试验结果见表4-19~表4-22。

表4-19 工业广场1号点渗透试验成果表

时刻2012年10月22日8：00	延续时间/min	渗入流量/L	渗流量/(m^3/d)
9：00	60	38.83	0.932
10：00	60	35.71	0.857
11：00	60	25.29	0.607
12：00	60	25.29	0.607
13：00	60	25.29	0.607
14：00	60	25.29	0.607
15：00	60	25.29	0.607
16：00	60	25.29	0.607
17：00	60	25.29	0.607
18：00	60	25.29	0.607
19：00	60	25.29	0.607
20：00	60	25.29	0.607

已知单环所限定的过水断面面积：

$$W = 3.14 \times 0.22^2 = 0.152(\text{m}^2)$$

求得：
$$K = V = \frac{Q}{W} = \frac{0.607}{0.152} = 3.9917(\text{m/d}) = 4.62 \times 10^{-3}(\text{cm/s})$$

表 4-20 工业广场 2 号点渗透试验成果表

时刻 2012 年 10 月 24 日 8：00	延续时间/min	渗入流量/L	渗流量/(m³/d)
9：00	60	30.24	0.726
10：00	60	25.53	0.613
11：00	60	21.91	0.526
12：00	60	17.37	0.417
13：00	60	13.37	0.321
14：00	60	13.37	0.321
15：00	60	13.37	0.321
16：00	60	13.37	0.321
17：00	60	13.37	0.321
18：00	60	13.37	0.321
19：00	60	13.37	0.321
20：00	60	13.37	0.321

已知单环所限定的过水断面面积：
$$W = 3.14 \times 0.15^2 = 0.07065(\text{m}^2)$$

求得：
$$K = V = \frac{Q}{W} = \frac{0.321}{0.07065} = 4.55(\text{m/d}) = 5.27 \times 10^{-3}(\text{cm/s})$$

表 4-21 排矸场 3 号点渗透试验成果表

时刻 2012 年 10 月 25 日 8：00	延续时间/min	渗入流量/L	渗流量/(m³/d)
9：00	60	26.33	0.632
10：00	60	23.21	0.557
11：00	60	20.35	0.4885
12：00	60	20.35	0.4885
13：00	60	20.35	0.4885
14：00	60	20.35	0.4885
15：00	60	20.35	0.4885
16：00	60	20.35	0.4885
17：00	60	20.35	0.4885
18：00	60	20.35	0.4885
19：00	60	20.35	0.4885
20：00	60	20.35	0.4885

已知单环所限定的过水断面面积：
$$W = 3.14 \times 0.22^2 = 0.152 (\text{m}^2)$$

求得：
$$K = V = \frac{Q}{W} = \frac{0.4885}{0.152} = 3.214 (\text{m/d}) = 3.72 \times 10^{-3} (\text{cm/s})$$

表 4-22　排矸场 4 号点渗透试验成果表

时刻 2012 年 10 月 26 日 8：00	延续时间/min	渗入流量/L	渗流量/(m³/d)
9：00	60	25.91	0.622
10：00	60	21.46	0.515
11：00	60	17.75	0.426
12：00	60	11.79	0.283
13：00	60	11.79	0.283
14：00	60	11.79	0.283
15：00	60	11.79	0.283
16：00	60	11.79	0.283
17：00	60	11.79	0.283
18：00	60	11.79	0.283
19：00	60	11.79	0.283
20：00	60	11.79	0.283

已知单环所限定的过水断面面积：
$$W = 3.14 \times 0.15^2 = 0.07065 (\text{m}^2)$$

求得：
$$K = V = \frac{Q}{W} = \frac{0.283}{0.07065} = 4.01 (\text{m/d}) = 4.64 \times 10^{-3} (\text{cm/s})$$

4.2　典型工段工程区工业场地对地下水水质的潜在影响

(1)红庆梁煤矿工业场地工程区对地下水水质的潜在影响。

红庆梁煤矿工业场地生产过程中排放的矿井水及其他污废水主要来自以下三个方面：矿井水处理站的矿井水；生活污水处理站的生活污水；选煤厂煤泥水处理系统的煤泥水。

① 正常工况下工业场地的污染影响分析。

a. 矿井水。

根据地质报告和设计文件，本矿井初期正常排水量为 7920m³/d，后期排水量 13642m³/d。矿井水主要污染物为无机悬浮物，矿井水处理站处理能力按 800m³/h 设计，初期处理站处理能力 400m³/h(处理规模 8000m³/d)。设计按照

"分质供水"原则，根据不同用途，对矿井水进行不同深度的处理，总体处理工艺为混凝、沉淀、气浮、消毒、反渗透处理工艺，处理后的矿井水回用于矿井和选煤厂的生产和一般生活用水（不包括生活饮用水），剩余部分（初期 2679m^3/d，后期 8156m^3/d）送往蓄水池综合利用，不外排。因此，正常情况下，矿井水不会对地下水水质产生不利影响。

b. 生活污水。

工业场地生活污水排放量为 966m^3/d，来源于浴室、洗衣房、食堂及单身公寓等处。红庆梁煤矿工业场地生活污水量较小，污染物较简单。在工业场地建生活污水处理站一座，设计采用二级生化处理及深度过滤处理工艺进行处理，处理能力 80m^3/h（处理规模 1200m^3/d），其工艺流程见图 4-5。该工艺对 SS、BOD_5、COD 和氨氮去除率分别为 90%、85%、85% 和 50%，可有效去除工业场地生活污水污染物，处理后的水质 COD≤45mg/L，BOD_5≤30mg/L，SS≤20mg/L，氨氮≤8mg/L，能满足《煤炭洗选工程设计规范》（GB 50359—2005）第 15.2.7 条选煤用水的水质指标要求，生活污水经二级生化及深度处理达标后全部回用于选煤厂生产补充水，不外排。因此，正常情况下，生活污水不会对地下水水质产生不利影响。

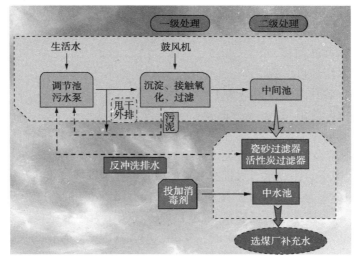

图 4-5 生活污水处理工艺流程图

c. 煤泥水。

选煤厂洗煤水采用浓缩、压滤处理后回用，达到一级闭路循环要求，煤泥水不外排。正常情况下，煤泥水不会对地下水水质产生不利影响。

因此，在正常工况下，工业场地的矿井水及其他污废水不会对地下水水质产生不利影响。

② 非正常工况下工业场地的污染影响分析。

在事故工况下,煤矿工业场地的建设可能对地下水环境造成影响。通过对工业场地项目建设内容的分析,非正常工况下工业场地对地下水环境的可能影响方式主要包括:生活污水处理站污水池底部出现破损,导致池内污水通过裂口渗入地下影响地下水水质;矿井水处理站废水池或选煤厂煤泥浓缩池底部出现破损,导致池内矿井水或煤泥水通过裂口渗入地下影响地下水水质。污废水事故响应时间按 1 天考虑。

a. 预测公式。

为了预测生活污水、矿井水和煤泥水在地下水环境中不同时间对地下水环境的影响范围,本次地下水水质预测采用《环境影响评价技术导则地下水环境》(HJ 610—2016)地下水溶质运移解析法中一维稳定流动一维水动力弥散问题中的一维无限长多孔介质柱体,示踪剂瞬时注入模式计算。计算公式如下:

$$C(x, t) = \frac{m/w}{2n\sqrt{\pi D_L t}} e^{-\frac{(x-ut)^2}{4D_L t}}$$

式中　x——距注入点的距离,m;

　　　t——时间,d;

$C(x, t)$——t 时刻 x 处的示踪剂质量浓度,mg/L;

　　　m——注入示踪剂的质量,mg;

　　　w——横截面面积,m^2;

　　　μ——水流速度,m/d;

　　　n——有效孔隙度,量纲为1;

　　　D_L——纵向弥散系数,m^2/d;

　　　π——圆周率。

b. 预测参数及源强。

非正常情况下,污废水渗入量按 1 天考虑。考虑到选煤厂煤泥水中主要污染因子为 SS,因此根据生活污水和矿井水的水质监测类比结果,选取生活污水的预测因子为氨氮,入渗废水中氨氮质量 m 为 12.36kg(按 1 天渗入量核算,即生活污水产生量为 966m^3/d,处理系数为 0.8);矿井水的预测因子为氟化物,渗入地下水中氟化物质量 m 为 11.91kg(按 1 天渗入量核算,即矿井排水量为 7920m^3/d,处理系数为 0.8)。各参数选取见表 4-23。

表 4-23　预测模式中各参数值选取表

预测因子	m/kg	w/m^2	u/(m/d)	n	D_L/(m^2/d)
氨氮	12.36	36	0.15	0.3	100
氟化物	11.91	216	0.15	0.3	100

c. 预测结果及评价。

地下水中氨氮、氟化物浓度贡献值预测结果见图 4-6 和图 4-7。

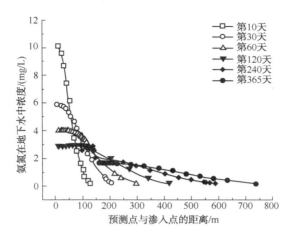

图 4-6　氨氮浓度距预测点不同距离随时间的变化

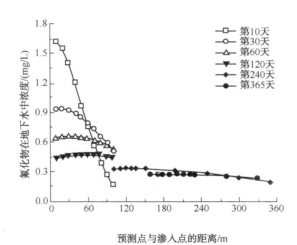

图 4-7　氟化物浓度距预测点不同距离随时间的变化

由图 4-6 可知，在非正常情况出现后第 10 天时，距离渗漏点 10m 处，氨氮的浓度为 10.14mg/L；在第 120 天时，距离渗漏点 60m 处，氨氮的浓度最大，值为 2.95mg/L；在第 240 天时，距离渗漏点 120m 处，氨氮的浓度最大，值为 2.96mg/L；在第 365 天时，距离渗漏点 170m 处，氨氮的浓度最大，值为 1.68mg/L。对比《地下水质量标准》（GB 14848—93）中的Ⅲ类标准，氨氮最远影响距离约740m。考虑到工业场地下游180m有鄂来南社村，且该村用水井供水，为了避免生活污水处理设施事故状态下对水井水质产生污染，提出对生活污水处理设施设专人进行巡查，一旦发现有裂缝等情况发生，要及时修补，如发现水井水质由于红庆梁煤矿工业场地生活污水渗漏污染造成水质变差，矿方应立即采取措施拉水供居民使用。

由图4-7可知，在非正常情况出现后第10天时，距离渗漏点10m处，氟化物的浓度为1.62mg/L；在第120天时，距离渗漏点60m处，氟化物的浓度最大，值为0.47mg/L；在第365天时，距离渗漏点170m处，氟化物的浓度最大，值为0.271mg/L。对比《地下水质量标准》(GB 14848—93)中的Ⅲ类标准，氟化物最远影响距离约50m左右，对周边居民用水没有影响。

综上分析，非正常情况下，污废水渗入地下水而对地下水水质产生一定程度的影响，但由于煤矿污废水以常规污染物为主，且浓度低，加之地层的吸附和过滤作用，因此综合来看不会对地下水水质产生明显影响。但为安全考虑，建设单位应采取相应防范措施，加强监测和巡查，尽量避免非正常情况的发生。

(2) 红庆梁煤矿填沟造地工程区对地下水水质的潜在影响。

2017年8月28日对红庆梁煤矿煤矸石进行了矸石浸出试验(《固体废物浸出毒性浸出方法硫酸硝酸法、水平振荡法》)，试验结果见表3-3。可以看出，矸石浸出液中各污染物的浓度均未超过《危险废物鉴别标准—浸出毒性鉴别》(GB 5085.3—2007)的最高允许排放浓度及《污水综合排放标准》(GB 8978—1996)一级标准限值。因此，为第Ⅰ类一般工业固体废物。矸石淋溶液对地下水水质不会产生明显影响。排矸场外围设挡水围梗，并修建渗滤液收集池等防范措施，尽量避免污染地下水水质。

4.3 典型工段工程区地下水污染防治技术措施

红庆梁矿井煤炭开采对地下水的污染主要为选煤厂煤泥水的"跑、冒、滴、漏"以及填沟造地工程区矸石淋溶液等，为避免上述污染物对该区地下水水质造成影响，针对选煤厂以及临时排矸场提出以下地下水污染防治措施。

(1) 选煤厂煤泥水地下水污染防治措施。

选煤厂洗煤水采用浓缩、压滤处理后回用，能够达到一级闭路循环要求，煤泥水不外排。湿法筛分筛下煤泥水先经过弧形筛分级脱水，筛上进入末煤离心机脱水，脱水后作为洗混煤。弧形筛下煤泥水进入水力分级旋流器分级，旋流器底流经弧形筛、煤泥离心机脱水后作为洗混煤，旋流器溢流进入浓缩机浓缩；弧形筛筛下水、离心机离心液返回旋流器。浓缩机底流经压滤机回收煤泥，作为洗混煤，浓缩机溢流作为循环水重复使用；压滤机滤液返回浓缩机。

选煤厂设置煤泥水的收集系统、浓缩机、压滤机、事故浓缩机，并对地面道路进行硬化。

① 浓缩机及事故浓缩机。

选用一台 Φ35m 浓缩机，处理量为 3000m³/h，选煤厂煤泥水产生量为 1040m³/h，可满足工艺要求。选煤厂设一台与工作同型号的浓缩机作为事故浓缩机，当浓缩机发生故障或检修时可容纳其全部煤泥水不外排，设备检修完后事故排水仍回到生产系统，为实现煤泥水闭路循环不外排提供了保证。

② 压滤机。

压滤机的处理能力是确保选煤厂煤泥水实现闭路循环的关键，选用 3 台 KZG2000 型快开压滤机，每台处理量 15t/h，选煤厂入料量为 35.67t/h，即洗选系统压滤机有一定富余处理能力，可以满足正常的负荷变化。

③ 室内煤泥水收集系统。

选煤厂设置了车间地面排水的集中回收系统，收集设备的跑、冒、滴、漏、事故排水和冲洗地板水，收集的煤泥水经泵转至浓缩池处理，这样就从根本上杜绝了零星煤泥水的排放。

在生产过程中应加强对煤泥水收集系统、浓缩机、压滤机的管理与监控，确保煤泥水闭路循环不外排，避免影响地下水。

（2）填沟造地工程区地下水污染防治措施。

根据水文地质条件分析，填沟造地工程区对周边地下水影响不大。为进一步防止填沟造地工程区可能对地下水水质造成影响，应加强对排矸场填沟造地工程区的管理与监控，杜绝生活垃圾及锅炉灰渣等工业垃圾排入排矸场。

4.4 典型工段工程区地下水水质长期监测措施

地下水水质监测计划目的在于，为保护排矸场及工业场地周边的地下水水质在受到煤矿开采产生的污废水的影响时能及时预警，并及时有效的采取措施阻止污染的进一步产生。

（1）监测点布设。

考虑到工业场地及排矸场地下水有可能受到矿井水、生活污水、煤泥水、矸石淋滤液的影响，要求对场地周边的地下水井水质水位进行长期监测，本次研究选取水质水位长期监测点 11 个。监测布点见表4-24。

表 4-24　地下水水质水位长期监测点情况统计表

序号	监测点位	村庄	坐标(x, y)	在井田内位置	监测层位
1	T1	小艾来色太沟	37369923.76, 4426058.03	位于一盘区	第四系及风化带含水层
2	T2	石巴圪图	37369399.00, 4423784.81		
3	T3	虎石壕	37371010.28, 4430335.98	位于二盘区	
4	T4	耳字沟	37368869.23, 4430358.18		
5	T5	排矸场西	37370108.43, 4428267.43	位于三盘区	
6	T6	榆树沟	37373369.18, 4431830.20		
7	T7	洪炭沟	37372311.20, 4429746.34	位于四盘区	
8	T8	鄂来北社	37372685.87, 4427893.96		
9	T9	补拉湾社	37374651.86, 4427208.38		
10	T10	郭家渠	37372960.66, 4424230.57		
11	T11	高头窑社	37380874.88, 4430972.97	井田东侧5km处	

（2）监测频率。

水质水位监测点1年中分丰、平、枯三期各监测一次。

（3）监测项目。

① K^+、Na^+、Ca^{2+}、Mg^{2+}、CO_3^{2-}、HCO_3^-、Cl^-、SO_4^{2-}。

② 监测水质因子：pH、氨氮、硝酸盐、亚硝酸盐、挥发性酚类、氰化物、砷、汞、铬（六价）、总硬度、铅、氟、镉、铁、锰、溶解性总固体、高锰酸钾指数、硫酸盐、氯化物。

③ 井深、地下水水位、地下水监测层位、井点坐标。

（4）监测方式。

建议矿方委托有资质监测单位，签订长期协议，对临时排矸场排水及下游村庄水井水质水位进行长期监测。

（5）监测数据管理。

监测结果应及时建立档案，并定期向煤矿安全环保部门汇报，常规监测数据应该进行公开，特别是跟周边居民用水安全相关的数据要定期张贴公示，如发现异常或者发生事故时应增加监测频次，并分析污染原因，及时采取应对措施。

4.5 红庆梁煤矿其他建设及开采过程中的地下水保护措施

（1）施工期对施工场地废水进行收集和处理，设废水沉淀池，对施工废水进行沉淀处理后回用；施工人员居住地要设经过防渗处理的旱厕，对厕所应加强管理，定期喷洒药剂；对于食堂污水和洗漱水等施工人员生活废水，基本用于场地、施工道路洒水后蒸发，不会对周围地下水环境造成影响。施工期废水未对地下水环境产生不利影响。

（2）对井田内周边浅水井和深水井水质进行监测，监测点的水质均满足《地下水质量标准》（GB/T 14848—93）Ⅲ类水标准要求。

（3）矿方制定地下水跟踪监测计划，对井田内村庄和工业场地生活水源井开展长期动态监测。投产以来，各村庄水井水位均出现了下降。同时矿方将继续对矿区范围内未搬迁的居民饮用水井的跟踪观测，一旦发现居民生活水源受到采煤沉陷影响，煤矿应立即采取措施向受影响居民供水或搬迁。

（4）目前，项目环境影响报告及其批复中要求的地下水环保设施和措施基本落实到位，建设项目"三同时"执行情况良好，工程配套的地下水环保设施（措施）已基本完成；目前，项目地下水环境保护措施运行有效，地下水环保设施运行率为100%。

（5）井工煤矿进行环保规范化管理，制定并完善了地下水环境管理制度、监测制度及应急预案，并将环保管理纳入企业生产管理和经济考核体系。

第 5 章　小　　结

　　对红庆梁煤矿开发过程中地下水环境影响及污染防治技术措施进行研究，通过穿过各含水层的井筒、钻孔或巷道，通过采取冻结、注浆等一系列的防渗漏措施，严禁疏排施工，完工后井巷如发现长期涌水要及时进行封堵。且在煤炭开采过程中，采取先探后采的方针，若涌水量过大应采取留设保护煤柱或其他封堵措施，防止形成涌水通道，致使水大量涌入井下。同时，设立地下水保护监控区和建立地下水动态监控网，尤其是监测工业场地、排矸场周边水质的变化情况，定期预报，发现问题及时采取措施，尽量减小煤炭开采对地下水水质的不利影响。

第五篇

煤矿开发对地表沉陷的影响及生态修复综合治理技术研究

第1章 研究目的及研究对象概况

1.1 研究目的

内蒙古大型煤矿主要集中在生态脆弱、水资源匮乏、荒漠化严重的草原区，且处于《全国主体功能区规划》"两屏三带"生态安全格局中的"北方防沙带"主体功能区。因此，内蒙古自治区被确定为煤炭开发污染防治重点区域。为了从源头上防治煤矿开采对环境的影响，急需开展煤矿开采环境治理方面的科学研究，本课题以红庆梁煤矿开发地表沉陷过程分析、地表沉陷缓减和综合治理为研发重点，分析井工矿开采特征，研究地面沉陷与覆体结构、开发技术的相关性，构建井工矿开采过程对地面沉陷的监测评价体系；研究可缓减开采区域及周边范围地面沉陷的关键技术；研发沉陷区综合治理的关键技术和模式，为实现开发影响区域地面沉陷恢复和控制，保护区域土地资源和水循环系统提供科技支撑。

1.2 研究方法

考察并分析国内外地表沉陷减缓与综合治理技术应用现状的基础上，对红庆梁煤矿开采程度与地表沉陷强度开展现场调查、布设地表沉陷及生态监测点位，开展实地实验研究，收集并分析实验数据；根据红庆梁煤矿开采特征与实验数据，分析地面沉陷与覆体结构、开发技术的相关性，构建井工矿开采过程对地面沉陷的监测评价体系；研究可缓减开采区域及周边范围地面沉陷的关键技术和模式。

1.3 研究因子

煤矿地质特征、煤矿开采特征、煤矿开发技术、煤矿开发程度(距地表深度、采空区高度、采空区面积、采空区体积等)、地表沉陷强度、地形地貌、景观、地表水、生态系统、野生动植物。

1.4 工作内容与工作思路

1.4.1 工作内容

（1）红庆梁矿田自然生态环境调查研究；

（2）红庆梁煤矿开发对区域地表沉陷影响；

（3）地表沉陷区的主要环境影响研究；

（4）红庆梁煤矿开采对生态环境影响研究；

（5）生态保护与恢复技术措施研究；

（6）地表沉陷的治理与恢复技术分析。

1.4.2 工作思路

通过煤矿地质特征、开采特征、开发技术、开发程度等与地表沉陷强度的关系，地表沉陷的不同程序对地形地貌、景观、地表水、生态系统、动植物的主要环境影响研究，构建井工矿开采过程对地面沉陷的监测评价体系；研究可缓减开采区域及周边范围地面沉陷的关键技术和模式；研究煤矿开采区域生态环境综合治理的关键技术和模式。

第 2 章 红庆梁矿田自然环境调查研究

2.1 地形地貌

井田位于鄂尔多斯高原北部，井田内地形总体趋势是南高北低，在此基础上又表现为西高东低之变化趋势。最大地形标高差为 200.40m；一般地形海拔标高在 1380~1480m，一般地形标高差为 100m 左右。

井田属于高原侵蚀性丘陵地貌，区域内的地貌类型主要有两种：黄土梁峁丘陵和河谷阶地，区域内各地貌类型面积统计分别见表 5-1。

表 5-1 区域内地貌类型统计表

地貌类型	井田范围		评价范围	
	面积/km²	比例/%	面积/km²	比例/%
黄土梁峁丘陵	127.75	90.76	225.38	89.16
河谷阶地	13.01	9.24	27.40	10.84
合计	140.76	100	252.78	100.00

2.2 水文地质

（1）地表水系。

井田基本位于东部的艾来色太沟及西部的耳字沟之间。东部的艾来色太沟由西南向东北流经本区的东部，区内的洪炭沟、小艾来色太沟、榆树沟等均为其支流，呈东西向流入艾来色太沟，而后向北汇入西柳沟，最终注入黄河；西部的耳字沟及其支流虎石沟等，向西北方向迳流，汇入黑赖沟后最终注入黄河。它们的次一级沟谷也较发育，除井田西南部一带的地形较完整外，其他地段沟谷将井田分割的支离破碎。这些沟谷在枯水季节一般干涸无水，但在丰雨季节，可形成短暂的溪流或洪流，洪流具有历时短、流量较大的特点。详见项目区水系图 5-1。

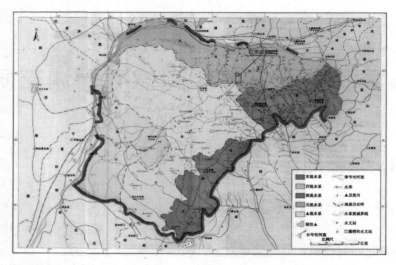

图 5-1　区域水系图

（2）水文地质类型。

红庆梁井田的直接充水含水层为侏罗系中下统延安组(J_{1-2y})，以裂隙含水层为主，孔隙含水层次之，直接充水含水层的富水性微弱，补给条件和径流条件较差，以区外承压水微弱的侧向径流为主要充水水源，大气降水为次要充水水源；直接充水含水层的单位涌水量 $q<0.10L/(s\cdot m)$，区内没有水库、湖泊等地表水体，沟谷内无常年地表径流，河流与煤层的间距较大，平均在 300m 以上，水文地质边界简单。因此矿区水文地质勘查类型划分为第二类第一型裂隙充水为主的水文地质条件简单的矿床。

第3章　红庆梁矿田生态环境现状调查

3.1　土地利用现状调查

参照全国土地利用现状调查技术规程和第二次全国土地调查所用分类系统——《土地利用现状分类》(GB/T 21010—2017)，根据实地调查和遥感卫星影像，将井田所在区域土地利用情况划分为7个一级类型和8个二级类型，具体的一级土地利用类型为：耕地、林地、草地、交通运输用地、住宅用地、工矿用地及水域及水利设施用地7类。

井田区域土地利用统计表见表5-2。

表5-2　土地利用统计表

土地利用分类		井田范围比例/%	评价范围比例/%
一级分类	二级分类		
耕地	旱地	1.63	1.89
林地	灌木林地	18.57	15.24
草地	天然草地	75.77	79.16
工矿用地	工业和采矿用地	0.59	0.34
住宅用地	农村宅基地	0.11	0.09
交通运输用地	铁路用地	0.01	0.05
	公路用地	0.24	0.18
水域及水利设施用地	内陆滩涂	3.09	3.05
合计		100	100.00

（1）耕地。井田所在区域的旱地面积约 4.79km^2，占总面积的 1.89%；井田内旱地面积约 2.29km^2，占总面积的 1.62%。主要种植的农作物有高粱、玉米、马铃薯、豆类、谷类及小杂粮等。

（2）灌木林地。井田所在区域的灌木林地面积 38.51km^2，占总面积的 15.24%；井田内灌木林地面积 26.13km^2，占井田面积的 18.56%，主要为人工栽植的柠条、沙棘。

（3）草地。井田所在区域的天然牧草地面积 200.11km²，占总面积的 79.16%；井田内天然牧草地面积 106.66km²，占总面积的 75.77%。主要为戈壁针茅、百里香，植被盖度 20% 左右。

（4）交通运输用地。区内铁路用地面积 0.12km²，占总面积的 0.05%；公路用地 0.45km²，占总面积的 0.18%。

（5）水域及水利设施用地。井田所在区域内没有水库、湖泊等地表水体，但沟谷发育。区域内陆滩涂总面积 7.71km²，占井田所在区域总面积的 3.05%。井田内内陆滩涂面积约 4.35km²，占井田总面积的 3.09%。

（6）城镇及工矿用地。该区人口稀疏，但人口居住又非常分散，居民区土地利用集中度低，区内村庄占地面积 0.23km²，占比率为 0.09%。区内工矿用地面积 0.87km²，占比率为 0.34%。依然以农牧业生产为主，工矿企业开发强度较小。

3.2　植被现状调查与评价

3.2.1　样方调查与评价

对开采影响区内的植被类型进行了现场样方调查，针对井田所在区域内环境特点，在评价范围内设置植被样方 8 个，样方点分布情况见表 5-3。现场调查中记录数据主要有：各个样方的 GPS 坐标和周围地形，水文条件，样方内及周围植物种名称、优势植物、平均高度、群落盖度、生物量等信息。调查结果见表 5-3~表 5-11。

表 5-3　红庆梁井田植被样方点位表

编号	经度	纬度	样方点方位
1#	109°24′16″E	40°3′57″N	井田外，西北 1.5km
2#	109°27′30″E	40°03′07″N	井田西部
3#	109°29′32″E	40°02′30″N	井田中部
4#	109°31′15″E	39°58′53″N	井田东南部
5#	109°28′35″E	39°59′37″N	井田西南部
6#	109°28′20″E	39°58′25″N	井田南部
7#	109°28′20″E	39°58′24″N	井田南部
8#	109°33′44″E	39°52′21″N	井田东部

表5-4 1#样方调查登记表

位置	井田外，西北	样方号	1#	时间	2014. 7. 18
样方面积	1×1m²	经度	109°24′16″	纬度	40°3′57″
海拔高度	1452m	坡向	东南	坡度	10°
土壤类型	栗钙土		水文条件		无灌溉
样方类型	草本		地形地貌		坡中
主要植物	戈壁针茅、克氏针茅、角蒿、变蒿、短翼岩黄耆、柠条等				
群落总盖度	35%	平均高度	15	冠幅	
优势植物	戈壁针茅	样方外植物	银灰旋花、黏毛黄芩等	珍稀植物	无
优势植物情况	植被生长良好，干重40.32g/m²				

表5-5 2#样方调查登记表

位置	井田内，西部	样方号	2#	时间	2014. 7. 18
样方面积	1×1m²	经度	109°27′30″	纬度	40°03′07″
海拔高度	1399m	坡向	南	坡度	4°
土壤类型	栗钙土		水文条件		无灌溉
样方类型	草本		地形地貌		坡顶
主要植物	百里香、沙芦草、变蒿、牛心朴子、短翼岩黄耆、砂珍棘豆等				
群落总盖度	30%	平均高度	4cm	冠幅	
优势植物	百里香	样方外植物		珍稀植物	无
优势植物情况	植被生长良好，干重36.30g/m²				

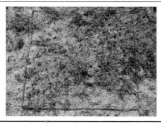

表 5-6　3#样方调查登记表

位置	井田内，中部	样方号	3#	时间	2014.7.18
样方面积	1×1m²	经度	109°29′32″	纬度	40°02′30″
海拔高度	1419m	坡向	东南	坡度	5°
土壤类型	栗钙土		水文条件		无灌溉
样方类型	草本		地形地貌		河谷阶地
主要植物	赖草、达乌里胡枝子、山苦荬、变蒿、狗尾草、虎尾草等				
群落总盖度	15%	平均高度	20cm	冠幅	20cm
优势植物	赖草	样方外植物	沙棘等	珍稀植物	无
优势植物情况	植被生长良好，干重 18.90g/m²				

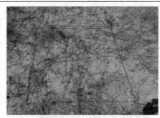

表 5-7　4#样方调查登记表

位置	井田内，东南部	样方号	4#	时间	2014.7.18
样方面积	5×5m²	经度	109°31′15″	纬度	39°58′53″
海拔高度	1393m	东南	西	坡度	2°
土壤类型	栗钙土		水文条件		无灌溉
样方类型	灌木		地形地貌		河谷阶地
主要植物	油蒿、达乌里胡枝子、砂珍棘豆、白草、田旋花等				
群落总盖度	30%	平均高度	10cm	冠幅	
优势植物	油蒿	样方外植物	乳白花黄耆、狭叶米口袋	珍稀植物	无
优势植物情况	植被生长良好，干重 223.20g/m²				

表 5-8   5#样方调查登记表

位置	井田内，西南部	样方号	5#	时间	2014.7.18
样方面积	$1×1m^2$	经度	109°28′35″	纬度	39°59′37″
海拔高度	1464m	坡向	东北	坡度	15°
土壤类型	粗骨土		水文条件		无灌溉
样方类型	草本		地形地貌		坡中
主要植物	草木樨状黄芪、糙隐子草、本氏针茅、白草、牻牛儿苗、阿尔泰狗娃花、乳白花黄耆、拐轴鸦葱、本氏针茅、还阳参、田旋花、山苦荬、鸦葱				
群落总盖度	20%	平均高度	15cm	冠幅	
优势植物	草木樨状黄芪	样方外植物	柠条	珍稀植物	无
优势植物情况	为人工柠条林间带草本样方，植被生长良好，干重 35.22g/m²				

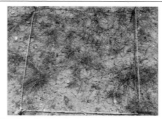

表 5-9   6#样方调查登记表

位置	井田内，南部	样方号	6#	时间	2014.7.19
样方面积	$5×5m^2$	经度	109°28′20″	纬度	39°58′25″
海拔高度	1466m	坡向	北	坡度	5°
土壤类型	风沙土		水文条件		无灌溉
样方类型	灌木		地形地貌		沙地
主要植物	油蒿				
群落总盖度	20%	平均高度	60cm	冠幅	
优势植物	油蒿	样方外植物		珍稀植物	无
优势植物情况	植被生长良好，干重 116.62g/m²				

表 5-10　7#样方调查登记表

位置	井田内，南部	样方号	7#	时间	2014. 7. 19
样方面积	1×1m²	经度	109°28′20″	纬度	39°58′24″
海拔高度	1462m	坡向	西南	坡度	3°
土壤类型	风沙土		水文条件		无灌溉
样方类型	草本		地形地貌		沙地
主要植物	沙蓬				
群落总盖度	15%	平均高度	5cm	冠幅	
优势植物	风沙土	样方外植物		珍稀植物	无
优势植物情况	植被稀疏，干重 16.2g/m²				

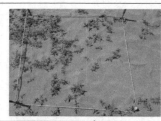

表 5-11　8#样方调查登记表

位置	井田内，东部	样方号	8#	时间	2014. 7. 19
样方面积	1×1m²	经度	109°33′44″	纬度	39°52′21″
海拔高度	1440m	坡向	南	坡度	12°
土壤类型	粗骨土		水文条件		无灌溉
样方类型	草本		地形地貌		坡顶
主要植物	戈壁针茅、百里香、短翼岩黄耆、牛心朴子、糙隐子草、白草、远志、阿尔泰狗娃花、变蒿、砂珍棘豆				
群落总盖度	20%	平均高度	15cm	冠幅	
优势植物	戈壁针茅	样方外植物	小针茅、地构叶、狼毒	珍稀植物	无
优势植物情况	植被生长良好，干重 30.1g/m²				

总结现场调查样方结果，可以看出井田所在区域内主要有 7 种植物群落，此外，井田所在区域内有分布人工种植的柠条林以及农田。植物群落类型具体描述如下：

（1）戈壁针茅、克氏针茅群落：盖度 35%；草群高度 15cm；样方内植物种数为 6 种：戈壁针茅、克氏针茅、角蒿、变蒿、短翼岩黄耆、柠条等。优势植物为戈壁针茅、克氏针茅等禾本科植物。群落平均生物量干重 40.32g/m²。

（2）百里香、沙芦草群落：盖度 30%；草群高度 4cm；样方内植物种数为 6 种：百里香、沙芦草、变蒿、牛心朴子、短翼岩黄耆、砂珍棘豆等。优势植物为百里香、沙芦草等草本植物。群落平均生物量干重 36.30g/m²。

（3）赖草、达乌里胡枝子草群落：盖度 20%；草群高度 20cm；每平方米植物种数为 6 种：赖草、达乌里胡枝子、山苦荬、变蒿、狗尾草、虎尾草等。优势植物为赖草、达乌里胡枝子等植物，群落平均生物量干重 18.90g/m²。

（4）油蒿、达乌里胡枝子群落：盖度 25%；草群高度 10cm；样方内植物种数为 8 种：油蒿、达乌里胡枝子、砂珍棘豆、白草、田旋花、黄蒿、乳白花黄耆、狭叶米口袋等。优势植物为油蒿、达乌里胡枝子、砂珍棘豆等植物，群落平均生物量干重 223.20g/m²。

（5）草木樨状黄芪、糙隐子草群落：盖度 25%；草群高度 10cm；样方内植物种数为 13 种：草木樨状黄芪、糙隐子草、本氏针茅、白草、牻牛儿苗、阿尔泰狗娃花、乳白花黄耆、拐轴鸦葱、本氏针茅、还阳参、田旋花、山苦荬、鸦葱等。优势植物为草木樨状黄芪、糙隐子草、本氏针茅等植物，群落平均生物量干重 35.22g/m²。

（6）沙地油蒿、沙蓬群落：井田西南部分别有大片的沙地油蒿、沙蓬群落，植物种类比较单一，主要为油蒿、沙蓬群落。其中油蒿群落盖度 25%，草群高度 60cm，群落平均生物量干重 116.62g/m²；沙蓬群落盖度 25%，草群高度 5cm，群落平均生物量干重 16.2g/m²。

（7）戈壁针茅、百里香群落：盖度 20%；草群高度 15cm；样方内植物种数为 10 种：戈壁针茅、百里香、短翼岩黄耆、牛心朴子、糙隐子草、白草、远志、阿尔泰狗娃花、变蒿、砂珍棘豆等。优势植物为壁针茅、百里香等植物，群落平均生物量干重 30.1g/m²。

（8）人工柠条林：柠条是治理水土流失和退化沙化草场的先锋植物。用柠条与其他牧草结合，建立灌丛草场是生态综合治理和畜牧业基础建设的重要措施之一，井田所在区域内人工种植柠条林呈片状分布。（见下面的照片）

（9）农田：井田农田主要分布在沟谷两侧，主要种植的农作物有玉米、马铃薯、豆类、高粱、谷类及小杂粮等（图 5-2，图 5-3）。

图 5-2　人工种植柠条林照片

图 5-3　井田内农田照片

3.2.2　植被类型分析

在遥感影像解译的基础上，参考中国植被分布图、中国植物志等资料，根据实地调查结果并参阅相关文献，对井田所在区域内的植被类型描述如下。

（1）农田植被。

该区处于农牧交错带上，但退耕还草力度较大，目前评价范围内分布有小面积旱地，质量较差，主要的农作物有玉米、糜子、谷子、马铃薯、荞麦、豆类等，玉米旱地 400~500 斤/亩，马铃薯旱地 700~800 斤/亩。

井田所在区域内该植被类型面积为 4.79km²，占总面积的 1.89%；井田该植被类型面积 2.29km²，占井田面积的 1.63%。

（2）人工柠条林。

为了配合三北防护林工程，同时为了防沙治沙而在水土条件好的地方种植柠条等。该类植被在井田所在区域内面积较小，现存的也主要是通过人工种植或自然封禁逐渐恢复的。此外，井田所在区域内还零星分布有人工栽植的沙棘、杨树等。

井田所在区域内该植被类型面积为 18.79km²，占总面积的 7.43%；井田该植被类型面积 12.07m²，占井田面积的 8.57%。

（3）戈壁针茅草原。

主要分布在井田北部，于丘陵的向阳坡地上部。受所处地带的影响，草群中含有大量的荒漠草原成分，草群高度平均 15cm，盖度 20%，禾草占 80%~85%，小半灌木蒿类占 15%~20%，杂类草的作用极微，主要伴生有克氏针茅、百里香、糙隐子草、本氏针茅等。戈壁针茅优等饲用植物，各种家畜均喜食，颖果无危害，最适宜放牧山羊。

井田所在区域内该植被类型面积为 137.25km²，占总面积的 54.30%；井田该植被类型面积 70.07km²，占井田面积的 49.78%。

（4）赖草、达乌里胡枝子草原。

主要分布在梁峁顶部。这里气候较凉，表土风蚀较强，土壤为栗钙土。群落中起优势作用的还有百里香、油蒿、砂珍棘豆等。群落总盖度一般在 30% 左右。

井田所在区域内该植被类型面积为 62.86km²，占总面积的 24.87%；井田该植被类型面积 36.59km²，占井田面积的 25.99%。

（5）沙地油蒿、沙蓬群落。

井田西南部分别有大片的沙地植被，植物种类比较单一，主要为油蒿、沙蓬群落。

井田所在区域内该植被类型面积为 27.44km²，占总面积的 10.86%；井田该植被类型面积 18.41km²，占井田面积的 13.08%。

井田所在区域和井田区植被类型面积统计见表 5-12。

表 5-12 井田所在区域和井田内各植被分布面积及比例

植被类型	井田范围		井田所在区域范围	
	面积/km²	比例/%	面积/km²	比例/%
戈壁针茅草原	70.07	49.78	137.25	54.30
赖草、达乌里胡枝子草原	36.59	25.99	62.86	24.87
沙地油蒿、沙蓬群落	18.41	13.08	27.43	10.85
人工柠条林	12.07	8.57	18.79	7.43
农田植被	2.29	1.63	4.79	1.89
人居区域	0.98	0.7	1.09	0.43
道路	0.35	0.34	0.57	0.23
合计	140.76	100	252.78	100

3.3 陆生野生动物现状调查

（1）野生动物现状调查。

鄂尔多斯市野生动物的种类较多，哺乳动物 41 种，分属 6 目 13 科 34 属；

109

两栖类动物 1 目 2 科 4 属；爬行类动物 3 目 4 纲 13 种；鸟类 15 目 30 科 90 多种，昆虫类 14 目 138 科 1331 种。主要动物名录如表 5-13 所示。

表 5-13　主要动物名录

序号	纲	目	科	种	保护级别
1	两栖纲 AMPHIBIA	无尾目 ANURA	蟾蜍科 Bufonidae	大蟾蜍 Bufo gargarizans	
2	两栖纲 A MPHIBIA	无尾目 ANURA	蟾蜍科 Bufonidae	花背蟾蜍 Bufo raddei	
3	两栖纲 A MPHIBIA	无尾目 ANURA	蛙科 Ranidae	中国林蛙 Rana chensinensis	
4	爬行纲 REPTILIA	蜥蜴目 LACERTIFOR MES	鬣蜥科 Aga midae	草原沙蜥 Phrynocephalus frontalis	
5	爬行纲 REPTILIA	蜥蜴目 LACERTIFOR MES	蜥蜴科 Lacertidae	丽斑麻蜥 Ere mias argus	
6	爬行纲 REPTILIA	蛇目 SERPENTIFOR MES	蟒科 Boidae	白条锦蛇 Elaphe dione	
7	爬行纲 REPTILIA	蛇目 SERPENTIFOR MES	蝮科 Crotalidae	中介蝮蛇 Gloydius inter medius	
8	鸟纲 AVES	隼形目 FALCONIFOR MES	隼科 Falconidae	红脚隼 Falco a murensis 夏	国家Ⅱ级
9	鸟纲 AVES	鸡形目 GALLIFOR MES	雉科 Phasianidae	雉鸡 Phasianus colchicus 留	
10	鸟纲 AVES	戴胜目 UPUPIFOR MES	戴胜科 Upupidae	戴胜 Upupa epops 夏	
11	鸟纲 AVES	雀形目 Passerifor mes	伯劳科 Laniidae	荒漠伯劳 Lanius isabellinus 夏	
12	鸟纲 AVES	雀形目 Passerifor mes	伯劳科 Laniidae	楔尾伯劳 Lanius sphenocercus 夏	
13	鸟纲 AVES	雀形目 Passerifor mes	鸦科 Corvidae	喜鹊 Pica pica 留	
14	鸟纲 AVES	雀形目 Passerifor mes	鸦科 Corvidae	红嘴山鸦 Pyrrhocorax pyrrhocorax 留	
15	鸟纲 AVES	雀形目 Passerifor mes	鸦科 Corvidae	寒鸦 Corvus monedula 留	
16	鸟纲 AVES	雀形目 Passerifor mes	鸦科 Corvidae	达乌里寒鸦 Corvus dauuricus 留	
17	鸟纲 AVES	雀形目 Passerifor mes	鸦科 Corvidae	秃鼻乌鸦 Corvus frugilegus 留	
18	鸟纲 AVES	雀形目 Passerifor mes	鸦科 Corvidae	小嘴乌鸦 Corvus corone 留	

续表

序号	纲	目	科	种	保护级别
19	鸟纲 AVES	雀形目 Passerifor mes	雀科 Passeridae	麻雀 Passer montanus 留	
20	哺乳纲 MA M MALIA	啮齿目 RODENTIA	松鼠科 Sciuridae	阿拉善黄鼠 Sper mophilus alachanicus	
21	哺乳纲 MA M MALIA	啮齿目 RODENTIA	松鼠科 Sciuridae	达乌尔黄鼠 Sper mophilus dauricus	
22	哺乳纲 MA M MALIA	啮齿目 RODENTIA	跳鼠科 Dipodidae	五趾跳鼠 Allactaga sibirica	
23	哺乳纲 MA M MALIA	啮齿目 RODENTIA	跳鼠科 Dipodidae	三趾跳鼠 Dipus sagitta	
24	哺乳纲 MA M MALIA	啮齿目 RODENTIA	鼹形鼠科 Spalacidae	中华鼢鼠 Myospalax fontanieri	
25	哺乳纲 MA M MALIA	啮齿目 RODENTIA	鼹形鼠科 Spalacidae	草原鼢鼠 Myospalax aspalax	
26	哺乳纲 MA M MALIA	啮齿目 RODENTIA	仓鼠科 Cricetidae	黑线仓鼠 Cricetulus barabensis	
27	哺乳纲 MA M MALIA	啮齿目 RODENTIA	仓鼠科 Cricetidae	大仓鼠 Tscherskia triton	
28	哺乳纲 MA M MALIA	啮齿目 RODENTIA	仓鼠科 Cricetidae	小毛足鼠 Phodopus roborovskii	
29	哺乳纲 MA M MALIA	啮齿目 RODENTIA	仓鼠科 Cricetidae	长爪沙鼠 Meriones unguiculatus	
30	哺乳纲 MA M MALIA	啮齿目 RODENTIA	仓鼠科 Cricetidae	子午沙鼠 Meriones meridianus	
31	哺乳纲 MA M MALIA	啮齿目 RODENTIA	仓鼠科 Cricetidae	鼹形田鼠 Ellobius tancrei	
32	哺乳纲 MA M MALIA	啮齿目 RODENTIA	仓鼠科 Cricetidae	东方田鼠 Microtus fortis	
33	哺乳纲 MA M MALIA	啮齿目 RODENTIA	鼠科 Muridae	褐家鼠 Rattus norvegicus	
34	哺乳纲 MA M MALIA	啮齿目 RODENTIA	鼠科 Muridae	小家鼠 Mus musculus	
35	哺乳纲 MA M MALIA	兔形目 LAGO MORPHA	兔科 Leporidae	蒙古兔 Lepus tolai	

续表

序号	纲	目	科	种	保护级别
36	哺乳纲 MA M MALIA	食肉目 CARNIVORA	犬科 Canidae	狼 Canis lupus	
37	哺乳纲 MA M MALIA	啮齿目 RODENTIA	犬科 Canidae	赤狐 Vulpes vulpes	
38	哺乳纲 MA M MALIA	啮齿目 RODENTIA	鼬科 Mustelidae	亚洲狗獾 Meles leucurus	

（2）野生动物现状评价。

在中国动物地理区划中，该矿址处于古北界蒙新区地带，品种资源较为丰富。动物资源以昆虫类动物种类较多，哺乳类动物种类不多，以啮齿类为主，爬行类、两栖类、鱼类、蛛形类和毛足类动物种类较少。长期以来由于人为的作用，动物种类发生了很大变化：家畜、家禽发展，兽类、鸟类减少，鼠兔类增多。

井田所在区域周边分布的重点保护动物主要是红脚隼，为国家二级重点保护动物。

3.4 土壤类型现状调查与评价

根据《中国土壤分类与代码》GB/T 17296—2009 中的分类及现场调查，井田所在区域内涉及三种土壤类型，分别为栗钙土、粗骨土和风沙土。

（1）栗钙土。

栗钙土成土母质为残积坡积物、冲积洪积物和黄土状物质，具有较明显的腐殖质累积和石灰的淋溶淀积过程，并多存在弱度的石膏化和盐化过程。调查结果表明，腐殖质层厚 20~50cm，多数在 30cm 左右，有机质含量 30~50g/kg 之间，个别表层高的可超过此上限。一般，表土层全氮含量 2.4~4.6g/kg，全磷 0.5~0.85g/kg，全钾 18~23g/kg，速效磷、速效钾分别为 1.5~4g/kg 和 150~270mg/kg。除磷素较缺乏外，其他养分含量均较高。腐殖质组成表层以胡敏酸为主，胡敏酸碳占总碳量的 20.1%，富里酸碳占总碳量的 16.1%，胡富比为 1.13~1.81，而钙积层以下底上的比值则小于 1。钙积层（Bk）多出现在剖面 40~50cm 以下，厚 20~35cm，碳酸钙多呈粉末状、假菌丝状或斑块状淀积，含量为 50~250g/kg。母质层（C）呈浅黄色或灰黄色，多由黄土状沉积物和砂砾岩残坡积物形成。暗栗钙土的质地大致为两种类型，由黄土状沉积物发育的多为黏质土，由砂砾岩残坡积物发育的多为壤质土。全土呈弱碱性反应,pH7.3~5.5,由上向下增强。

井田所在区域内该土壤面积为 192.16km²,占总面积的 76.02%;井田内该类土壤面积 103.28km²,占总面积的 73.37%。

(2)粗骨土。

粗骨土是发育在砂岩、砂砾岩、泥质砾岩残坡积母质上的幼年土,主要分布在栗钙土地带上的残丘顶部或迎风坡上部。粗骨土剖面分化不明显,除表层有很弱的腐殖质积累外,基本上保留着母质的特性。粗骨土土质粗糙,且不断被侵蚀;土体极薄,均小于 10cm;土体中含有较多的砾石,一般达土壤体积的 30%~70%,或者在薄层 A 层下即为砾岩风化层,系 A、C 构型;全剖面有石灰反应。

井田所在区域该土壤面积为 35.49km²,占总面积的 9.94%;井田内该类土壤面积 27.32km²,占总面积的 19.41%。

(3)风沙土。

井田所在区域风沙土有机质含量很低,盐分及石灰的积聚作用明显。风沙土质地粗,细砂粒占土壤矿质部分重量的 80%~90%以上,而粗砂粒、粉砂粒及粘粒的含量甚微。干旱是风沙土的又一重要性状,土壤表层多为干沙层,厚度不一,通常在 10~20cm 左右,其下含水率也仅 2%~3%。有机质含量低,约在 0.1%~1.0%范围内;有盐分和碳酸钙的积聚,前者由风力从它处运积而来,后者是植物残体分解和沙尘沉积的结果。

井田所在区域该土壤面积为 25.13km²,占总面积的 9.94%;井田内该土壤面积为 10.16,占总面积的 7.22%(表 5-14)。

表 5-14 土壤类型面积及百分比表

土壤类型	井田所在区域		井田区	
	面积/km²	百分比/%	面积/km²	百分比/%
栗钙土	192.16	76.02	103.28	73.37
粗骨土	35.49	14.04	27.32	19.41
风沙土	25.13	9.94	10.16	7.22
合计	252.78	100	140.76	100

3.5 土壤侵蚀现状调查与评价

该区域气候干燥、温差较大,同时风期长,风速大,同时,地表以风沙土覆盖为主,植被相对稀疏。井田属于高原侵蚀性丘陵地貌,地势总体呈南高北低,大部分地区为低矮山丘,植被稀疏,主要为水力侵蚀,兼有风力侵蚀。按照《土壤侵蚀分类分级标准》(SL 190—2007)划分,该区所属的土壤侵蚀类型区为内蒙古高原中度风水复合侵蚀区,土壤允许流失量为1000t/(km²·a)。

风力侵蚀强度分级指标见表5-15,水力侵蚀分级依据见表5-16。

表5-15 土壤风蚀分级指标

级别	床面形态(地表形态)	植被覆盖度/% (非流沙面积)	风蚀厚度/ (mm/a)	侵蚀模数/ [t/(km²·a)]
微度	固定沙丘,沙地和滩地	>70	<2	<200
轻度	固定沙丘,半固定沙丘,沙地	70~50	2~10	200~2500
中度	半固定沙丘,沙地	50~30	10~25	2500~5000
强烈	半固定沙丘,流动沙丘,沙地	30~10	25~50	5000~8000
极强烈	流动沙丘,沙地	<10	20~100	8000~15000
剧烈	大片流动沙丘	<10	>100	>15000

表5-16 水力侵蚀分级依据

地面坡度		5°~8°	8°~15°	15°~25°	25°~35°	>35°
非耕地林草覆盖度/%	60~75	轻度			中度	
	45~60	轻度		中度		强度
	30~45	轻度	中度		强度	极强度
	<30	中度		强度	极强度	剧烈
坡耕地		轻度	中度	强度	极强度	剧烈

通过3S技术和实地调查,结合坡度、地表植被及土壤类型因素,侵蚀类型面积统计见表5-17。

表5-17 土壤侵蚀强度分级面积统计

侵蚀等级	井田所在区域		井田区	
	面积/km²	比例/%	面积/km²	比例/%
极强烈侵蚀	100.68	39.83	55.00	39.07
强烈侵蚀	123.84	48.99	72.36	51.41
中度侵蚀	17.49	6.92	7.87	5.59
轻度侵蚀	10.78	4.26	5.53	3.93
合计	252.78	100	140.76	100

依据侵蚀摸数的大小对土壤侵蚀强度进行分级,将井田所在区域内分为极强列侵蚀、强烈侵蚀、中度侵蚀和轻度侵蚀四个等级。

（1）轻度侵蚀。

区域地势平坦，植被盖度大于60%，分布在黄土梁峁丘陵区和沙区的黄土梁地，与土地利用类型图比较，轻度侵蚀区域正是灌丛覆盖区域，因此落叶灌木、半灌木大大减小了风力对土壤的侵蚀。井田所在区域内该类型面积10.78km²，占整个井田所在区域4.26%。

（2）中度侵蚀。

在井田所在区域内零星分布在一些植被盖度较高的地区。每年风蚀厚度在10~25mm，侵蚀模数为2500~5000t/（km²·a），该区存在发生沙漠化的潜在条件，但没有受到破坏或仅受到轻微的破坏，地貌基本完整，植被盖度较高。井田所在区域内该类型面积为17.49km²，占总面积的6.92%。

（3）强烈侵蚀区。

在井田所在区域内分布广泛，植被盖度在30%以下，每年风蚀厚度在25~50mm，侵蚀模数为5000~8000t/（km²·a）。该侵蚀类型区内地表以草本为主，由于过度放牧及牲畜践踏，地表疏松，冬春季节植被盖度低时，土壤风蚀严重，夏秋季节植被盖度较好，起砂量少。井田所在区域内该类型面积为123.84km²，占总面积的48.99%。

（4）极强烈侵蚀区。

主要分布在井田所在区域中部的黄土梁峁丘陵地带。植被盖度小于10%，每年风蚀厚度在20~100mm，侵蚀模数为8000~15000t/（km²·a）。该侵蚀类型区内草地退化严重，流沙入侵。井田所在区域内该类型面积为100.68km²，占总面积的39.83%。

由以上结果可以看出，井田所在区域的土壤侵蚀的强烈和极强烈侵蚀所占比重之和为88.82%，井田所在区域平均土壤侵蚀模数为10500t/（km²·a），表明井田所在区域的土壤侵蚀程度主要处于极强烈侵蚀。土壤侵蚀的自然因素主要是地形、土壤、地质、植被和气候等。从地形看，井田所在区域南高北低，沟谷发育，均呈树枝状分布，均为季节性河流，为此区域的水蚀提供了地形条件，侵蚀性较为强烈。从气候因素分析，本区属干旱~半干旱的高原大陆性气候，一般雨季为7月、8月、9月，年最大降水量547.8mm，最小降水量为181mm，多年平均降水量352.2mm，年蒸发量为2234.2mm，因此年蒸发量约是年降水量的4~12倍，区内多风雨少，最大风速为15m/s，年平均风速为2.8m/s，多年年主导风向为西南风，次主导风向为西北风，为风蚀提供了气候条件。在今后的煤炭开采过程中，如果对水土保持工作不到位，很可能会使该区的水土流失程度迅速增加，生态环境发生恶化，土壤侵蚀会加重，大面积的中度侵蚀区会恶化为强度侵蚀区。因此，煤炭开采的同时尽量减少对地表植被和土层的扰动和破坏，严格控制活动范围，积极采取水土保持措施，使煤炭开采对水土流失的影响降到最低。

3.6　生态系统现状

3.6.1　生态系统完整性

生态完整性是生态系统维持各生态因子相互关系并达到最佳状态的自然特性，反映了生态系统的健康程度。运用景观生态学的原理与方法对区域的生态完整性现状进行评价，即从生态系统生产力和稳定性两个方面对该区域生态系统的结构和功能状况进行分析。

（1）生产力评价。

为了充分了解井田所在区域生产力现状水平，通过 NPP 估算模型计算出井田所在区域生态系统净第一性生产力，按照奥德姆划分法，将地球上生态系统按照生产力的高低划分为 4 个等级，见表 5-18，以此判别植被生产力水平的高低。

表 5-18　地球上生态系统生产力水平等级划分表

评价等级	生产力判断标准[（g/（m²·d）]	生态类型举例
最低	<0.5	荒漠和深海
较低	0.5~3	山地森林、热带稀树草原、某些农耕地、半干旱草原、深湖和大陆架
较高	3~10	热带雨林、农耕地和浅湖
最高	10~20，最高可到达 25	少数特殊生态系统、如农业高产用、河漫滩、三角洲、珊瑚礁和红树林等

生态井田所在区域植被调查是通过实地勘察、样方调查、卫片解译、室内分析并结合收集的资料经综合分析而完成。对选取的 SPOT 影像资料，利用遥感图像处理软件经几何校正、图像增强等进行解译，对各类环境信息数据及相关图件处理软件进行综合分析，通过 NPP 估算模型得到井田所在区域内生态环境研究所需的相关数据和生态图件。

在野外实地调查和卫片解译的基础上，综合生态井田所在区域地表植被覆盖现状和植被立地情况，各植被类型净生产力情况见表 5-19。

表 5-19　不同植被类型生产力统计表

植被类型	面积/km²	比例/%	平均净生产力/[gC/（m²·a）]
糜子、玉米、谷子	4.79	1.89	131.52
人工柠条林	18.79	7.43	365.67

植被类型	面积/km²	比例/%	平均净生产力/[gC/(m²·a)]
戈壁针茅草原	137.25	54.30	133.4
赖草、达乌里胡枝子草原	62.86	24.87	177.3
沙地油蒿、沙蓬灌丛	27.43	10.85	96.4
人居区域	1.09	0.43	
道路	0.57	0.23	
合计	252.78	100	156.6

从计算结果和判断标准来看，井田所在区域平均净生产力为156.6gC/(m²·a)，按照奥德姆划分法，处于<0.5g/(m²·d)的判断标准内，属于全球生态系统生产力"最低"水平。主要是由于井田所在区域为内蒙古高原北部，气候寒冷，植被生产力低的草地和沙地植被占的比例较大，虽然植被盖度不低，但生产力较低。由此可以看出井田所在区域由于受到自然因素和人类活动因素的双重影响，生态系统的生产力水平较低。

（2）稳定性评价。

生态系统的稳定性包括两种特征，即阻抗能力和恢复能力。因此对于生态系统的稳定性评价也从这两个方面分别进行。

① 阻抗稳定性。

生态系统的阻抗稳定性就是系统在环境变化或潜在干扰时反抗或阻止变化的能力。通过分析生态系统生产力可以看出井田所在区域生态系统生产力处于"较低"水平，且生产力数值接近极限值，受到外界干扰后很容易降级，生态系统容易受到干扰的破坏。但是通常生态系统的阻抗稳定性还与植被的异质化程度密切相关。从表5-20中可以看出，人工柠条林的生产力最大，为365.67gC/(m²·a)，其恢复稳定性最强，但是灌木林地在井田所在区域所占比例仅为7.43%，因此林地对区域生态系统稳定性贡献较小；井田所在区域内面积最大的植被类型为草地，所占比例为79.17%，是井田所在区域内决定生态系统稳定程度的主要类型。但由于项目区草地为以戈壁针茅、克氏针茅、赖草和百里香等草本为主，生产力不高，平均生产力为155.35gC/(m²·a)；油蒿、沙蓬灌丛植被生态系统为第二大生态系统，占总面积的10.85%，其平均生产力仅为96.4gC/(m²·a)。因此，总体而言，根据表5-20，井田所在区域生产力水平处于最低的水平，恢复稳定性较弱。但根据现场调查及查阅资料发现，井田所在区域草原科属组成多样性较高，反映出天然草原生物多样性丰富的特点。由于区域植被类型较为丰富，异质化程度较高，因此井田所在区域生态系统具有一定的阻抗稳定性。

表 5-20　景观生态评价指标

序号	土地利用类型	优势度	斑块密度	最大斑块指数	景观形状指数	分维数	分布交叉指数	连通性指数
1	旱地	3.83	2.66	0.18	54.68	1.38	48.68	98.11
2	林地	15.12	33.72	0.23	106.57	1.44	39.65	93.94
3	草地	29.81	20.82	4.79	177.00	1.48	48.62	99.67
4	交通道路	0.19	0.00	0.17	35.35		62.42	99.22
5	内陆滩涂	2.37	0.10	0.30	48.11	1.51	51.43	99.06
6	村庄	0.19	0.00	0.17	2.60		54.08	98.99
7	采矿用地	0.14	0.06	0.01	9.17	1.10	55.87	93.31

② 恢复稳定性。

生态系统的恢复稳定性就是系统被改变后返回原来状态的能力。通过对井田所在区域土地利用结构进行分析，可以看出井田所在区域内植被主要为草地。由于草地生态系统受到破坏之后，繁殖能力和恢复到原有生产力水平的能力都较强，因此草地生态系统与其他类型生态系统相比较恢复稳定性较强。

综上所述，虽然井田所在区域生态系统的生产力不高，但由于区域植被多样性较高，草地生态系统分布面积较大，因此井田所在区域生态系统结构与功能较稳定，但稳定程度不高，总体来说井田所在区域内的生态系统较为完整。

3.6.2　景观生态评价

本次采用景观生态评价法对井田所在区域进行生态环境质量评价。用景观格局分析软件 FRAGSTATS 计算 7 种土地利用类型的 7 个景观格局指数，分别为优势度、斑块密度、最大斑块指数、景观形状指数、分维数、分布交叉指数和连通性指数。

就空间结构而言，草地最大斑块指数为 4.79，其指数最高，而且其连通性和分维数都最高，说明天然牧草地为景观基质；景观形状指数和分维数反映了系统边界的复杂程度，越复杂的边界，与系统外的交流越活跃，景观形状指数大小排列依次为林地、草地、旱地和内陆滩涂，其指数分别为 106.57、177.00、54.68 和 48.11，与此同时，内陆滩涂分维数指数最大，其指数为 1.51，其次为草地和林地，其分维数指数分别为 1.48 和 1.44，说明林地、内陆滩涂、旱地为基质上系统间能量交换较频繁的斑块。公路用地分布交叉指数及连通性指数都较高，说明公路及其两侧用地为景观内主要廊道。

就景观功能与稳定性方面而言，首先，天然牧草地为景观基质，连通性及优势度最高，占绝对优势，主导性及控制能力较强，说明系统内部恢复力较强，林地景观形状指数和分维数亦都较高，说明林草地系统开放程度高，对外的影响干预能力较强；其次，林地和草地板块密度较大，最大板块指数较小，特别是林地，说明景观破碎化程度高，能量流及养分流在板块间迁移困难，不利于林地生态系统的稳定，而且其分布交叉指数较低，开放性弱，说明其不易受其他系统影响和干扰；最后，景观内廊道总体连通性差，天然廊道分布较少，而公路作为景观廊道具有诸多限制因素。

综上所述，井田所在区域属于草地为基质的景观类型，生态环境特征为植被覆盖度中等，生物多样性一般，较适合人类生存。同时，系统开放性较强，本区域内生态环境质量受干扰以后的恢复能力较强。如果不采取一定的生态保护措施维持生态系统稳定，随着人类活动和开发的加大，也存在向低级别生态系统演变的可能。只要在项目的实施过程中采取必要的防护措施和监测管理机制，项目开发不会对区域生态稳定性产生大的影响。

3.7 小结

通过项目区土地利用、植被、土壤、土壤侵蚀及生态系统的综合分析，项目区生态环境现状特点如下：

（1）井田内地形总体趋势是南高北低，一般地形标高差为 100m 左右。属于高原侵蚀性丘陵地貌，大部分地区为低矮山丘。

（2）井田所在区域总体属于鄂尔多斯高原典型草原植被区，草地生态系统占整个井田所在区域 79.16%，是该区域绝对优势生态系统类型；林地生态系统占整个井田所在区域 15.58%，是区域防风治沙的关键生态系统，对保持水土、防风固沙起着重要的作用。

（3）戈壁针茅草原为区内主要植被类型，占井田所在区域面积的 54.30%；其次是赖草、达乌里胡枝子草原，占井田所在区域面积的 24.87%；沙地油蒿、沙蓬群落的大面积出现，表明该区域已经属于典型草原边缘，属于典型草原向荒漠草原的过渡。

（4）区内人为干扰相对较弱，土地利用现状中，工矿用地占井田所在区域 0.34%，住宅用地占井田所在区域 0.09%，铁路用地占井田所在区域 0.05%，公路用地占井田所在区域 0.18%，所有建设用地合计 0.66%。天然草地占井田所在区域 79.16%，为区内主要土地利用类型，草地质量总体属于中等水平。井田所在区域内没有水库、湖泊等地表水体，沟谷发育，其水量受大气降水控制，区内平时无水，只有在雨后会形成短暂的溪流。

（5）在陆生动物方面，井田所在区域内未发现国家级保护动物集中栖息地。

（6）鄂尔多斯市有地带性土壤的分布，也有相当数量的隐育性土壤的分布。土壤随生物、气候、降雨和植被条件的演变而出现有规律的变化。目前在井田所在区域内涉及三种土壤类型，分别为栗钙土、粗骨土和风沙土。其中主要土壤类型为栗钙土和粗骨土，栗钙土占整个井田所在区域的76.02%，粗骨土占整个井田所在区域的35.49%。土壤处于初育阶段，层次分异不明显。

（7）井田所在区域土壤侵蚀表现为以水蚀为主，兼有风蚀。坡度大于10度的区域主要表现为水力侵蚀，其他区域以风力侵蚀为主。全井田所在区域的土壤侵蚀强烈和极强烈侵蚀所占比重之和为88.82%，区内平均土壤侵蚀模数为10500 t/(km^2·a)，井田所在区域土壤侵蚀情况较严重，主要是因为井田所在区域土质疏松、沟谷发育、干旱多风、降雨不均等。不同地点的土壤侵蚀强度随着地形类型坡度，土壤质地、结构及有机质含量和植物覆盖度的不同而有所差异。井田所在区域应采取措施增加裸沙地的恢复与治理，同时保护草地植被，提高植被盖度，降低土壤侵蚀强度。

（8）采用景观生态评价法对井田所在区域进行生态环境质量评价。井田所在区域属于草地为基质的景观类型，生态环境特征为植被覆盖度较低，生产力水平较低。如果不采取一定的生态保护措施维持生态系统稳定，随着人类活动和开发的加大，也存在向低级别生态系统演变的可能。但是系统开放性较强，本区域内生态环境质量受干扰以后的恢复能力较强，只要在项目的实施过程中采取必要的防护措施和监测管理机制，项目开发不会对区域生态稳定性产生大的影响。

总之，井田所在区域自然条件一般，生态环境较为脆弱。近年来，随着当地政府实施水土保持、封山禁牧、防沙、治沙等多项生态治理工程，生态脆弱状况有一定的改善，但总体未改变本区生态环境脆弱的格局。因此，井田开发活动中须重视植被保护、水资源保护、水土流失防治等工作，采用先进的采煤工艺，减轻采煤对地貌和地下水资源的影响，并提高沉陷土地治理率和影响土地植被恢复率，使井田开发和生态保护协调一致。

第4章　地表沉陷对生态环境影响

4.1　地表沉陷预测结果

4.1.1　地表移动变形最大值预测

各阶段地表主要移动变形情况预测结果见表5-21，全井田开采后各煤层的下沉情况见表5-22。

表5-21　各阶段开采后地表变形最大值表

阶段划分	下沉/mm	倾斜/(mm/m)	曲率/(10^{-3}/m)	水平移动/mm	水平变形/(mm/m)	沉陷面积/km²	影响半径/m
第一阶段	5109.36	40.87	0.50	1532.81	18.64	27.69	79
第二阶段	9078.99	72.63	0.88	2723.70	33.12	78.05	96
第三阶段	10913.39	87.31	1.06	3274.02	39.81	79.94	107

表5-22　全井田开采后各煤层地表变形最大值表

开采煤层	下沉/mm	倾斜/(mm/m)	曲率/(10^{-3}/m)	水平移动/mm	水平变形/(mm/m)
2-2 上	1014.41	12.17	0.22	304.32	5.55
2-2 中	1461.95	16.71	0.29	438.58	7.62
2-2 下	909.99	9.93	0.16	273.00	4.53
3-1	4133.73	41.34	0.63	1240.12	18.85
4-1	2257.07	20.83	0.29	677.12	9.50
4-2	1834.40	16.31	0.22	550.32	7.44

4.1.2　地表移动变形时间及最大下沉速度预测

（1）地表移动变形时间。

井下开采引起地表发生移动变形，到最终形成稳定的塌陷盆地，这一过程是渐进而相对缓慢的，采煤工作面回采时，上覆岩层移动不会立即波及地表。地表的移动是在工作面推进一定距离后才发生的。随着采煤工作面的推进,在上覆岩层中依次形成冒落带、裂隙带、弯曲下沉带并传递到地表,使地表产生移动变形。这一过程所需的时间与采深有关,其关系可用如下经验公式表示:

$$T = 2.5 \times H(d)$$

式中 T——工作面开始回采至地表开始产生移动变形所需时间,d;

      H——首采工作面平均开采深度,m。

首采工作面的开采深度为350~450m,经计算,首采工作面地表移动变形时间分别见表5-23。

表5-23 首采工作面地表移动变形时间

工作面	埋深/m	地表移动变形时间/a
首采工作面	350	2.40
	400	2.74
	450	3.08

(2)最大下沉速度。

$$V_0 = K \frac{W_{cm} \cdot C}{H}$$

式中 K——系数(1.2);

      W_{cm}——工作面最大下沉值,mm;

      C——工作面推进速度,m/d;

      H——平均开采深度,m。

通过综合计算,首采2-2中煤层开采后地表最大下沉速度值约27.44mm/d,首采3-1煤层开采后地表最大下沉速度值约102.67mm/d。

4.1.3 地表裂缝预测

沉陷区的地表裂缝大致可以分为两组。一组为永久性裂缝带,位于采区边界周围的拉伸区,裂缝的宽度和落差较大,平行于采区边界方向延伸。另一组为动态裂缝,它随工作面的向前推进,出现在工作面前方的动态拉伸区,裂缝的宽度和落差较小,呈弧形分布,大致与工作面平行而垂直工作面的推进方向。随着工作面的继续推进,动态拉伸区随后又变为动态压缩区,动态裂缝可重新闭合。

对于红庆梁煤矿,按裂缝临界值4 mm/m计算,矿井煤层开采时,地表将会产生动态裂缝。随着工作面的推进,当裂缝区受到压缩变形时,裂缝区会有闭合现象,一般情况下一个工作面开采引起的动态裂缝从产生到闭合的持续时间约为1个月。较小、较浅的裂缝会在拉伸变形的影响下完全闭合;对于较大、较深的地表裂缝，虽有不同程度的减小，但最终不能恢复到原始地表形态，形成永久裂缝，这些永久裂缝将会对地表土层产生一定的影响。另外，在各煤层开采边界上方，由于只受到水平拉伸变形的影响，当水平拉伸变形叠加时，可能出现一些地表永久裂缝，且边界上方的裂缝一般不会自行闭合。一般情况下裂缝深度不会超过4m。

4.2 地表沉陷对土地利用的影响预测与评价

根据地表沉陷预测结果与土地利用现状图进行叠加分析，对煤炭开采对土地利用的影响进行分析，详细见表5-24。

表5-24 沉陷预测阶段影响的土地利用类型及面积统计表

开采阶段	沉陷总面积/hm²	沉陷地类	占沉陷总面积比例/%
第一阶段	2769.33	旱地	1.10
		灌木林地	46.74
		天然草地	51.31
		农村宅基地	0.14
		内陆滩涂	0.70
第二阶段	7798.76	旱地	1.26
		灌木林地	21.52
		天然草地	74.47
		工业和采矿用地	0.20
		农村宅基地	0.11
		公路用地	0.02
		内陆滩涂	2.42
全井田开采后	7994.25	旱地	1.35
		灌木林地	21.92
		天然草地	73.95
		工业和采矿用地	0.21
		农村宅基地	0.12
		公路用地	0.02
		内陆滩涂	2.44

根据预测结果，由于井田内主要土地利用类型为灌木林地和草地，因此受到地表沉陷影响面积最大的也主要是灌木林地和草地。

123

4.3 地表沉陷对耕地、林地和草地的影响预测与评价

（1）采煤沉陷土地损毁程度分级标准。

参考《土地复垦方案编制规程第三部分井工煤矿》（TD/T 1031.3—2011）中的采煤沉陷土地损毁程度分级标准，根据地表沉陷预测参数水平变形、倾斜以及下沉对沉陷土地损毁程度进行分级，分级方法采用极限条件分析法，即以破坏等级最大的参数进行损毁程度划分。

农用地采煤沉陷土地损毁程度分级标准见表5-25和表5-26。其他土地损毁程度参照三下采煤规程结合类比影响区进行确定。

表5-25 采煤沉陷区耕地损毁程度分级标准

破坏等级	水浇地			旱地		
	水平变形/（mm/m）	倾斜/（mm/m）	下沉/m	水平变形/（mm/m）	倾斜/（mm/m）	下沉/m
轻度	≤4.0	≤6.0	≤1.5	≤8.0	≤20.0	≤2.0
中度	4.0~8.0	6.0~12.0	1.5~3.0	8.0~16.0	20.0~40.0	2.0~5.0
重度	>8.0	>12.0	>3.0	>16.0	>40.0	>5.0

表5-26 采煤沉陷区林地、草地损毁程度分级标准

破坏等级	水平变形/（mm/m）	倾斜/（mm/m）	下沉/m
轻度	≤8.0	≤20.0	≤2.0
中度	8.0~20.0	20.0~50.0	2.0~6.0
重度	>20.0	>50.0	>6.0

（2）地表沉陷对耕地的影响预测与评价。

随着开采年限的增加，受到破坏的农田面积和破坏程度将逐渐增加，而且是一个动态的过程。结合地表沉陷预测结果，评价对红庆梁煤矿开采地表沉陷对耕地的影响进行了预测，详细情况见表5-27。

表5-27 红庆梁煤矿开采对耕地的破坏情况 hm²

破坏程度	开采范围		
	第一阶段	第二阶段	全井田开采后
轻度破坏	20.69	59.21	44.83
中度破坏	9.9	28.63	32.23

续表

破坏程度	开采范围		
	第一阶段	第二阶段	全井田开采后
重度破坏		10.8	30.55
合计	30.59	98.64	107.61

根据预测，全井田开采结束时轻度破坏的耕地面积为34.83hm²，中度破坏以上的耕地面积为62.78hm²。根据周边多个已开采矿井采煤沉陷破坏情况调查结果，受到轻度破坏的耕地，地面存在轻微变形，不影响耕种；受到中度破坏的耕地，地面塌陷破坏比较严重，出现方向明显的裂缝、坡、坎等，影响耕种，导致减产；受到重度破坏的耕地，地面严重塌陷破坏，出现塌方和小范围的滑坡，水土流失严重，耕地的土壤、肥力严重破坏，减产明显。因此应当对沉陷破坏的耕地进行复垦整治，恢复耕种功能。

（3）地表沉陷对林地的影响预测与评价。

结合地表沉陷预测结果，煤矿开采各阶段地表沉陷对林地的影响情况见表5-28。

表 5-28　红庆梁煤矿开采对林地的影响情况一览表　　　　　　　hm²

土地利用类型	破坏程度	开采范围		
		第一阶段	第二阶段	全井田开采后
灌木林地	轻度破坏	879.23	1084.49	927.68
	中度破坏	345.40	400.71	483.29
	重度破坏	69.86	192.91	341.36
	合计	1294.49	1678.11	1752.32

井田所在区域的林地为灌木林地，全井田开采后受沉陷破坏的灌木林地面积为1752.32hm²，破坏程度以轻度破坏为主，其中轻度破坏面积为927.68hm²，受中度破坏以上的面积为824.65hm²。受破坏的灌木林地类型主要为人工种植的柠条、沙棘、油蒿等植物，受到沉陷破坏后林业生产力可能会有所降低，因此对于受破坏影响的林地，建设单位须根据《森林植被恢复费征收使用管理暂行办法》的有关规定缴纳森林植被恢复费，并通过对不同时期不同破坏程度的林地进行补植养护，可以有效保护林地，恢复林地生态功能。

（4）地表沉陷对草地的影响预测与评价。

根据遥感解译结果，井田所在区域内草地分布较广，煤矿开采后地表沉陷对草地的影响情况见表5-29。

表5-29　红庆梁煤矿开采对草地的影响情况一览表　　　　　　　　　hm²

破坏程度	开采范围		
	第一阶段	第二阶段	全井田开采后
轻度破坏	1148.40	3709.49	2905.96
中度破坏	166.74	1488.25	1772.68
重度破坏	105.93	609.86	1232.85
合计	1421.07	5807.59	5911.49

井田所在区域的草地面积较广，主要为天然牧草地，优势种为戈壁针茅、本氏针茅、百里香等草原植被。煤炭开采沉陷对草地造成一定的影响，其中全井田开采结束时轻度破坏的草地面积为 2905.96hm²，中度破坏以上的林地面积为 3005.53hm²。煤层开采对草地的影响程度相对较小，受到轻度和中度破坏的草地能够通过自然恢复的方式恢复到原有盖度；而在采区边缘，由于坡度变化大，水平拉伸值较大，并有可能出现地表裂缝的区域，草地生长环境会受到严重破坏，加剧水土流失，因此重度影响的草地需要通过人工整地、撒播草籽等措施进行恢复。

4.4　地表沉陷对土壤侵蚀的影响分析

红庆梁煤矿开采后，地表发生沉陷、裂缝、错位等，使原地貌起伏度增加和土壤侵蚀的强度增加。随着沉陷深度的增大，坡度增大，在沉陷区边缘地带会产生不同程度的裂缝，不但使水力侵蚀强度增大，在局部错位较大、裂缝较多的地区，地表径流汇集，深层渗漏，为重力侵蚀提供了有利条件，使陷穴、滑坡、崩塌、泻溜等侵蚀发生的几率增加。同时地表松散物增加，也为风蚀提供了一定的物质基础。根据相关的研究结果显示，土壤侵蚀强度随着沉陷深度增加而增加，沉陷深度和侵蚀模数增加系数之间的关系见表5-30。

表5-30　沉陷深度与侵蚀模数增加系数关系表

沉陷深度 h/m	侵蚀模数增加系数	沉陷深度 h/m	侵蚀模数增加系数
$h=0$	1	$10.0 < h \leqslant 15.0$	1.15
$0 < h \leqslant 5.0$	1.05	$15.0 < h \leqslant 20.0$	1.20
$5.0 < h \leqslant 10.0$	1.10		

根据沉陷预测结果，红庆梁煤矿开采后地表沉陷深度最大，土壤侵蚀模数增加系数为 1.15。地表沉陷后土壤侵蚀量有所增加，但整体土壤侵蚀强度不会发生大的变化，只是局部地块可能会在沉陷后土壤侵蚀强度上升一个等级。土壤侵蚀

造成的表土流失势必会降低土地的生产力，因此应通过做好水土保持工作、绿化工作以及土地复垦工作，可以减轻当地水土流失的程度。

4.5 地表沉陷对生态系统的影响分析

（1）对生态系统生产力的影响分析。

受地表沉陷的影响，开采各个阶段破坏程度均以轻度为主，中度和重度破坏的所占比例很小。根据已开采矿井采煤沉陷破坏情况调查结果，一般中度和重度破坏会导致土地生产力下降。但是井田内植被主要以草原为主，植物生长主要与降雨量的多少有关系，地表沉陷对草原植物影响不大。在开采过程中需要通过实施合理的生态恢复措施，及时恢复破坏的土地生产力，可以保持生态系统的原有生产力水平。

（2）对生态系统结构与生态服务功能的影响分析。

井田所在区域总体属于鄂尔多斯高原典型草原植被区，草地生态系统占整个井田所在区域79.16%，其群落结构组成较为简单，主要植物种类有戈壁针茅、糙隐子草、油蒿、柠条、百里香、达乌里胡枝子等。群落覆盖度、高度和生物量较低，系统结构不稳定；此外，井田范围内存在有小比例的旱地，主要种植农作物种类为玉米、土豆、豆类等，农田土壤肥力低，土壤侵蚀严重，农业生产力不高。此外，人工林有人工乔木林如杨树和人工灌木林柠条、沙棘等。主要生态服务功能为保持水土、防风固沙。

随着煤炭开采的进行，林草地和耕地都将会受到不同程度的破坏，区域自然系统生物量和生产能力下降。通过以上对植被、耕地、土地利用情况的影响分析可知，项目建设对生态环境的影响的特点主要表现为：持续时间长、影响面积较大但影响的程度较小，相同区域将受到重复采动的影响，对生态系统结构的稳定性造成不利的影响。由于地表植被受到不同程度的破坏，局部地块可能会在沉陷后土壤侵蚀强度上升一个等级，水土流失加剧。因此，地表沉陷对于井田所在区域生态系统的结构和生态服务功能带来了一定的不利影响。

井田所在区域内植被主要为草地，草地生态系统受到破坏之后，繁殖能力和恢复到原有生产力水平的能力都较强，地表沉陷不会使井田所在区域内原有的生态系统衰退到低一级的生态系统。在开采过程中需要通过实施合理的生态恢复措施，及时恢复破坏的土地生产力，可以保持生态系统的原有生产力水平，维持生态系统结构的相对稳定以及区域的生态服务功能。

因此，应加强沉陷区土地治理和植被恢复，合理规划布置各项生态工程建设，通过生态整治措施能够使得项目开发不破坏区域生态系统的完整性。

第 5 章　煤矿开发对生态环境影响分析

5.1　对土地利用的影响分析

项目建设对生态环境的影响主要来自该煤矿占地对土地利用的影响。项目占地 69.47hm²，其中永久占地 59.42hm²，临时占地 10.05hm²，占地类型主要为林地和草地。项目永久占地在一定程度上影响到地表植被生长，使部分土地失去了原有的生物生产功能和生态功能，土地利用类型转变为工业用地。但由于永久占地面积很小，并且通过场地绿化等措施可以恢复一定面积的生态植被，因此对区域生态环境不会造成较大影响。临时占地在施工结束后经土地整治可恢复原有的用地类型，不会对土地利用结构造成影响。

5.2　对植被的影响分析

该煤矿建设期共占地 69.47hm²，占地类型主要为草地和林地。井田处于沙漠向草原的过渡带，主要植被类型为戈壁针茅草原植被，项目占地区域无珍稀植物。由于永久占地面积相对于整个井田所在区域来说比例很小，临时占地在施工结束后将恢复为原有土地功能，因此对环境影响不大。通过以上分析可以看出通过合理恢复植被，该煤矿建设期间不会对生态植被造成影响。

5.3　对土壤侵蚀的影响分析

项目建设期间由于施工机械碾压、材料的堆放、施工人员践踏、临时占地、弃土、弃渣的堆放等，可能会造成一定区域内植被破坏，加剧水土流失，项目建设期间新增水土流失量 38.2kt。临时占地对局地的植被会产生暂时性影响，施工过程中还应作好施工场地的规划，明确弃土弃渣点和施工范围，尽可能减少施工影响范围，减轻对地表植被和土壤的破坏；施工结束后应及时采取植被恢复措施，一般 1 年内可基本恢复原有土地利用功能。

第6章 生态保护与恢复技术措施研究

根据红庆梁煤矿对地表沉陷及生态影响综合治理措施实施效果，总结内蒙古西北地区井工煤矿开采地表沉陷的影响与生态治理措施。

矿山企业不同于其他行业，其生产过程（矿石开采和选矿生产）伴随着粉尘、噪声、废石、废渣的大量产生，引发了地貌变迁、水土流失、农业受损、生态失衡等一系列问题。在这种生态系统极度退化的状态下，矿区排土场应采取"地貌重塑—土壤重构—植被重建—生态系统恢复"的土地复垦模式进行修复。开采造成土地受损严重，立地条件复杂，只有综合气候、海拔、坡向、坡度、坡位、地表物质性状等环境因素与植物生态习性，建立科学的立地类型体系，针对不同立地条件进行植物的配置、栽植及管护，才能达到对矿区排土场生态修复与恢复的目的。加强环境保护最有效的办法就是种植绿色植物，增加绿地覆盖。而排土场不同于一般的厂区绿化，其植物生长条件差，常规植物很难栽种成活，必须根据其环境特点，有针对性地选择适宜的植物并合理搭配，才能收到理想的效果。通过对红庆梁煤矿现状调查，其排土场具有以下基本特征（表5-31）。

表 5-31 排土场环境特征表

环境特点	治理难点	环境特点	治理难点
土壤匮乏	植物难以附着生长	大部分土壤内缺乏植物植体	大部分不能靠植物自然恢复
废石块度大	植物难以附着生长	坡面长、坡度较陡	施工难度大
土质破碎	保持水肥能力差，容易发生滑坡和泥石流	水肥条件差	对植物抗逆性要求高

6.1 排土场土壤侵蚀现状分析

排土场是人为形成的台阶式塔状巨大岩土松散堆积体，土壤结构、植被、地貌形态和组成物质同原地貌迥然不同，因此成为矿区水土流失的主要场地，因其特殊的物质构成和形态，植被盖度极小，在冬春季极易遭受风力侵蚀，而在夏秋季则以水力侵蚀为主。风力侵蚀主要发生在排土场平台上，平台在夏季还易遭受水力侵蚀，以击溅、层状面蚀和沉陷侵蚀为主；排土场边坡主要以水蚀和重力侵蚀为主，易发生泻溜、土砂流泻、坡面泥石流、崩塌和滑坡等，秋冬春季遭受风力侵蚀。

针对已经停止运行的排土场进行土壤流失量的计算：

$$W = \sum_{j=1}^{3} \sum_{i=1}^{n} (F_{ji} \times M_{ji} \times T_{ji})$$

$$\Delta W = \sum_{j=1}^{3} \sum_{i=1}^{n} (F_{ji} \times \Delta M_{ji} \times T_{ji})$$

式中　W——土壤流失量，t；

　　ΔW——新增土壤流失量，t；

　　F_{ji}——某时段某单元的预测面积，km^2；

　　M_{ji}——某时段某单元的土壤侵蚀模数，$t/(km^2 \cdot a)$；

　　T_{ji}——某时段某单元的侵蚀时间，a；

　　ΔM_{ji}——某时段某单元的新增土壤侵蚀模数，$t/(km^2 \cdot a)$，只计正值，负值按0计；

　　T_{ji}——某时段某单元的预测时间，a；

　　i——预测单元，$i=1$、2、3……n；

　　j——预测时段，$j=1$、2、3，指施工准备期、施工期和自然恢复期。

根据水土保持方案数据得出扰动原地貌土壤侵蚀模数，其中稀土、白云岩、废岩等排土场边坡的水力侵蚀模数为$1200t/(km^2 \cdot a)$，风力侵蚀模数为$4000t/(km^2 \cdot a)$，平台的水力侵蚀模数为$1000t/(km^2 \cdot a)$，风力侵蚀模数为$4000t/(km^2 \cdot a)$；第四系排土场的边坡的水力侵蚀模数为$1500t/(km^2 \cdot a)$，风力侵蚀模数为$6000t/(km^2 \cdot a)$，平台的水力侵蚀模数为$1300t/(km^2 \cdot a)$，风力侵蚀模数为$6000t/(km^2 \cdot a)$。

经计算：排土场土壤侵蚀严重，风蚀尤为严重，而坡度的大小、坡长、坡形等都对水土流失有影响，随着坡长和坡度的增大，径流也增大，侵蚀量越大，侵蚀模数越大。将导致土壤侵蚀由面蚀逐渐向沟蚀→崩岗→滑坡、崩塌方向发展，因此需要削减坡度和坡长。而植被破坏也成为加速土壤侵蚀的先导因子，所以植被生态恢复，增加地表植物的覆盖，对防治土壤侵蚀有着极其重要意义。

排土场生态修复总体目标

通过生物与工程措施，使项目区排土场实现生态植被恢复，生态环境与周边地貌相协调，最终达到土地复垦率达到60%以上，植被覆盖率达到30%以上，有效控制了水土流失。

6.2 排土场边坡稳定性措施

《矿山生态环境保护与恢复治理技术规范》规定，排土场基底坡度大于1:5，垂直高度大于10m、坡比大于1.0:1.5时应进行削坡开级，且每一台阶高度不超过5~8m，台阶宽度应在2m以上，台阶边坡坡度小于35°。为保持边坡的稳定性，应对停止运营的边坡进行削坡开级，项目区排土场边坡垂直高度均大于10m，坡度均在35°~37°，通过开挖边坡，修筑阶梯或平台，达到相对截短坡长，改变坡型、坡度、坡比，降低荷载重心，维持边坡稳定(图5-4)。

在坡度因子相似且均为石质边坡的情况下，坡长与垂直坡度为非共性因子。项目区排土场边坡单层边坡长度可分为三类：坡长70m左右、坡长20~30m、坡长50m左右。

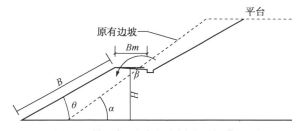

图5-4 排土场石质边坡削坡开级典型图

其中：$\theta = 30°$(开级后坡度)；

α 为原边坡坡度；

B 为开级后单级坡长，10~16m；

$\beta = 3°$(削坡开级后每级平台坡度)；

$Bm = 3m$(开级后小平台，即马道宽度)；

H 为削坡开级后每级相对地表垂直高度，5~8m。

6.3 排土场坡面排水措施

项目区矿地处干旱少雨多风的大陆性气候区，年均降水量仅285mm，年均蒸发量高达2936mm，但该区域的暴雨特点是一次暴雨的笼罩面积小、强度大、历时短，最大暴雨多集中在六月、七月或八月，每月平均降雨6~14天。根据《内蒙古自治区水文手册》可知，项目区最大24h雨量的多年平均值为32mm，1981年8月5日的日最大降水量可达80.6mm。且项目区十月至三月为降雪月份，雪的覆盖厚度通常在0.1m以上，坡面积雪在春季融化会形成径流，地表径流在缺乏防护的坡面不断形成沟状冲刷，小股径流又汇集成较大水流，加大了对地面的冲刷能量，加上坡陡，冲刷力不断加强，使导流沟不断下切，而导流沟下切越深，坡面的倾斜度就越大，水流的冲刷力也就越大。因此，排水设施的布设必须考虑在本次规划中。

做好边坡排水工程的设计对边坡稳定有重要作用，在很大程度上还可防止或减轻侵蚀、崩塌等灾害的发生。根据边坡的水文地质、地形地貌、土壤植被等情况，确定排水系统的任务与布置方案。排水设施的排洪能力要按照既定的标准进行验算，排水设施要实现有效顺接，形成系统，才能真正实现其排水功能。边坡排水设计的一般原则是：

① 全面系统，防治结合

在边坡防护设计过程中，要根据边坡坡度、高度、质地、稳定性、汇水面积，与防护工程相结合设置截水沟、排水沟、渗水沟等完善的排水系统；

② 纵横结合，分级截流

高陡边坡或岩石稳定性欠佳边坡的排水系统应采取分级截流、纵横结合排水的方法来进行处理。坡顶以外的地表水从截水沟排走；分级边坡每个台阶设一截水沟排水；坡脚1m处设排水明渠，根据地形和坡面大小，隔一定距离设一垂直路线的急流槽(排水沟)，使水尽快排出边坡。合理分流地表径流，随着汇水流量的增加，逐级增大排水断面。

③ 表里排水，综合治理

对影响边坡稳定性的地下水，应予截断、疏干、降低并引导到边坡范围以外。

④ 因地制宜，经济适用

选用适当的工程类型或排水设施，不要轻易取消或减少必要的防护工程设施。对排水困难和地质不良地段应进行特殊设计，使排水防护效果更佳。

根据矿区的工程标准与气候条件，防洪标准按50年一遇洪水考虑。

(1) 排水沟。

排水沟断面设计为梯形，其大小应根据流量确定，深度与底宽不应小于0.5m。排水沟设计采用直线型，在必须转弯处，其半径不宜小于10~20m；排水沟的长度根据实际需要而定，通常在500m以内。

分级平台内侧设置纵向排水沟(即截水沟)，每100m设置横向排水沟，每有变坡的地方布设消力池进行消能，通过横向排水沟排入排土场周边排水沟，最终汇入下游主体工程布设的排水系统。

平台处应根据平台坡度、面积、质地等计算排水沟的长度与深度。

(2) 截水沟。

截水沟的设计应能保证迅速排除径流，沟底纵坡一般不应小于0.5%，即马道的纵向坡比不低于 0.5%，截水沟断面形式一般为梯形，底宽不小于 0.5m，深度按设计流量确定，亦不小于 0.5m。削坡开级时在边坡平台上加设截水沟，拦截由坡面流下的水流，同时应加固截水沟，防止影响边坡的稳定。在坡脚 1m 处设置截水沟或在坡脚处建设下凹式绿地，并设置植草沟，种植草本与乔木。下凹式绿地既可以增加地下水的入渗补给，净化地表径流，减轻面源污染，又能削减洪峰流量，减轻洪涝灾害，亦可增加土壤水资源量和地下水资源量，减少绿地的浇灌用水。

（3）蓄水池。

在矿区植被恢复期，仅靠天然降水难以满足种子发芽的和生长的需求，需要及时进行人工补水，在项目区年平均降水量 248.5mm，年蒸发量 2100~2700mm，降雨量远小于蒸发量的情况下，对其地表径流的集蓄显得十分必须。

蓄水池的布设应结合地形，最大限度汇集地表径流。蓄水池的设计，要对集雨区的汇水量及其蓄水能力进行合理计算。并在排水沟末端与蓄水池相连接处，设置沉沙池，予以缓冲及过滤后再进入蓄水池，同时雨水沉淀也能用于场地降尘等。

6.4　排土场边坡防护措施

排土场边坡多为石质边坡，保水条件差，栽植植物成活率低，采用一般的草本植物喷浆，容易形成植物只是简单附着生长在喷浆层，不能继续向下生长的局面。而且造价较高，并未兼顾对土壤及环境的改良、生物多样性恢复及生态产业发展。因此，常规的植被恢复技术不适合露天矿山，对于矿山排土场的植被恢复需要寻找其他植物种植方法。

针对矿区特殊的气候特点及排土场现状情况，对主矿西排岩场的阳坡及半阳坡采用生态防护技术措施，即采用：

模式一：锚杆固定+挂两层双向格栅网+覆土+生态植被毯+生态袋护坡脚；

半阴坡与阴坡(尤其半阴坡)由于气候恶劣，背阴迎风(项目区常年风向为西南风)，植物成活率极低，因此采用工程护坡的方式，可采用的模式包括：

一：混凝土格栅式框架+生态袋填充；

二：浆砌石框架植被护坡技术。

土地平整

由于压占和挖损造成地表的损毁，形成岩土混合的地貌，已经不具备植被的立地条件，需要先对其进行平整后，根据适宜性分析的结果，按照一定的标准对其进行覆土。覆土、平整步骤如下：

① 对其逐层堆垫、逐步压实，减轻后期非均匀沉降的过程；

② 利用剥离土方实施表土覆盖，平整。

地膜铺垫

矿区多为块砾状弃渣，保水性极差，并且缺少植物生长的土壤条件，且废弃地的有毒物质含量大、排土场还存在再利用的特性，因此为了保证客土有效的保留，避免从块石缝隙间渗流，同时加强对人工补水和天然降水的有效利用，客土回填前，在坑底及周边采用地膜铺垫(可以用压实的黏土或高密度聚酯乙烯薄膜)，起到蓄水减渗的效果，还能阻挡有毒物质通过毛细管作用向上迁移。

客土覆盖

采用异地熟土覆盖，直接固定地表土层，并对土壤理化特性进行改良，特别是引进氮素、微生物和植物种子，为矿区植被重建创造有利条件，客土作业中尽可能利用城市生活垃圾污泥或是其他项目玻璃的表土，减少对其他区域土壤土层的破坏。

根据生态防护措施、现场地质地貌的差别以及恢复的要求不同，客土覆盖的厚度为 30~50cm。

6.4.1 生态防护措施

模式：锚杆固定+挂两层双向格栅网+覆土+生态植被毯+生态袋护坡脚

首先采用锚杆固定，注浆固定锚杆，格栅紧贴坡面铺设，自上而下挂网，搭接距离不小于 10cm，双向格栅间距 8cm 绑缚。

植被毯的结构分上网、植物纤维层、种子层、木浆纸层、下网五层，可以固定土壤，增加地面粗糙度，减少坡面径流量，减缓径流速度，缓解雨水对坡面表土的冲刷，并且由于在草毯中加入肥料、保水剂(遇水迅速膨胀，能保住泥土，使水不渗很深，且集中在根部附近，干旱缓慢释放，供给苗木水分和养分，为苗木的成活提供了保障)等材料，为植物种子出苗、后期生长提供了良好的基础条件，尤其是人工养护管理有一定困难的区域，大大减少了后期的养护管理工作量，植被毯能够生物降解、无污染、保水保墒、建植简易、快捷、维护管理粗放，养护管理成本低廉。生态植被毯铺设的时应与坡面充分接触并用 U 形铁或木桩固定，毯之间要重叠搭接，搭接宽度 10cm(图 5-5)。

生态植被袋护坡技术

固坡绿化重要组成部分是生态袋。生态袋因其使用简单方便，植物出苗率高，坡面绿化效果持续稳定，目前已普遍应用于山体绿化工程。生态袋类客土技术，其袋面表层有强化了的水土保持性状，生态袋本身材料由 PET(聚对苯二甲酸乙二醇酯，俗称涤纶树脂)和 PP(聚丙烯)两种，也可以混纺，PET 具有相对抗老化强特点，PP 具有耐腐蚀特点，可根据不同环境选择不同的材质。生态袋同时具有抗紫外（UV），抗老化、无毒，不助燃，裂口不延伸的特点，真正实现了零污染。同时可实现相对较厚的客土土量，以满足植物生长需求，并且能持有相对较多的水分与养分，促进植物正常生长，降低灌溉频率，从而实现节水降耗，减少维护管理强度的目的。生态袋袋体材料应设计选择较强拉结力和抗紫外线、抗老化的材料，若需要选择使用坡面强化支护技术，则宜选择小网孔径的柔性网材料与工艺技术配合，以复合增强水土保持效能。

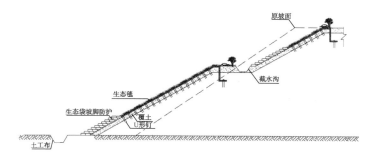

图 5-5　生态毯+生态袋护坡脚典型断面图

将选定的植物种子通过两层木浆纸附着在可降解的纤维材料编织袋的内侧，在施工时在植被袋内装入营养土，封口按照坡面防护要求码放，经过浇水养护，能够实现施工现场的生态恢复。码放中要做到错茬码放，且坡度越大，上下层植被叠压部分要越大，植被袋之间以及植被袋与坡面之间采用填充物填实，防止变形、滑塌（图 5-6）。

图 5-6　生态袋护坡示意图

生态垫技术简介

生态垫，也被称作"人工植被"或"生态植被毯"。它主要是以稻草、麦秆、棕榈等原料，在载体层添加灌草种子、保水剂、营养土等生产而成。具有保水、保肥、松软、透气等特性，由于该类产品可自然降解为植物生长所需的有机肥料，因而被称作生态垫，可直接订购。根据需要可采用两种结构形式，一种结构分上网，植物纤维层，种子层，木浆纸层，下网5层；另一种结构分上网，植物纤维层，下网3层。见图5-7。

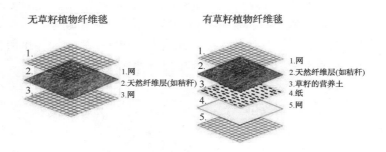

图 5-7　生态植被垫结构图

对于施工地块相对集中，立地条件相仿，且能够提前设计，定量加工的，可直接采用5层结构的生态垫；对于施工地块分散且立地条件差异大，运输保存条件不好可采用直接播种后在覆盖3层结构组成的生态垫。生态垫种子层中或生态垫下撒播的植物中一般选用乔灌草混合配方，优先选择耐贫瘠的植物种。

6.4.2　工程防护措施

模式一：混凝土格栅式框架+生态袋填充

综合利用混凝土构件的防护强度高、抗破坏能力和耐久能力强，是一项高标准的陡坡防护措施，在框格中码放生态袋，也更好地体现出生态护坡的理念（图5-8）。

图 5-8　混凝土格栅式框架+生态袋填充示意图

模式二：浆砌石框架植被护坡技术

浆砌石框架植被护坡技术是通过浆砌石形成坡面防护框架，在框架内栽种灌草或形成工程、植物综合坡面植物防护体系，植被恢复初期可有效减轻坡面水土流失，同时还可以起到稳定破题表面的作用。

框架采用 M10 水泥砂浆浆砌石片石，一般采用拱形、矩形、菱形、"人"字形。为保证框架的稳定，埋深不小于 8cm（图 5-9）。

图 5-9　浆砌石框架植被护坡设计示意

6.5　排土场平台修复措施

排土场平台占整个排土场面积比例较大，宽阔平坦，排土场初期有非均匀沉降，表面经生产机械反复碾压，地表坚硬、渗透系数低，一般植物较难生长，项目区大风造成植物种子以及凋落物难以存留，更加限制了植物生长，改进排土方式、采用适当生物与工程措施、设置各种网格与风障是解决干旱地区风蚀严重、加速排土场平台植被恢复与生态建设进程的有效方式之一。

首先对平台表面内破碎的地形需要用机械进行清理，机械平整遵循小平大不平、因势造型的原则，尽可能减少小范围内的地形起伏，使地形相对平缓。

平台土壤的密实度较大，入渗慢，产汇流量较大，如不分块平整拦蓄集中径流极有可能发生冲沟，因此，采取网格式分块拦蓄。修筑挡水埂，阻止平台径流汇入边坡，杜绝切沟和冲沟的发生，并利用多余砂石铺设主路，路边预留排水渠，汇聚至排水沟，再引入矿区地面排水系统。由于顶部平台集水面积较大，当发生大于 10 年一遇 24h 暴雨情况时，为了保护平台及边坡的安全稳定，沿道路设置排水措施。

其中主矿南排土场平台表面无土壤覆盖，对其表面进行垃圾清理，对形成的小石渣堆进行局部修整，使表面相对平整，大部分不对其进行植被的恢复。主矿南排土场是白云地区相对高点，提供了俯瞰整个白云生活区的场所，因此在其南侧设置观礼台，设有停车位、观光塔等。由于当地气候原因，排土场观礼台两侧可修筑景观挡墙，挡墙内侧可穴植灌木。采用容器育苗栽植法，这种方法具有不伤害、不裸露苗木根系、成活率高的优点，能保持原土壤和根系的自然状态，即使在立地条件较差的情况下也能大幅度提高植物成活率。灌木品种可选丁香、沙地柏、锦鸡儿、柠条、优若藜、胡枝子等。

植被一般采用穴种和播种的方法。穴种法又分带土球栽植、客土造林、春整春种、秋整春种等几种栽植方法。带土球栽植就是植物苗带着原来的生植土种植；客土造林即每穴中都换成适应植物生长的土壤，然后再种植树种；春整春种即春季造林时整地与植苗同时进行。造林时间宜早不宜迟；秋整春种即指造林前一年秋提前整地，翌年春季造林。对于种植多年生果树普遍采用带土球客土造林的方法，可以保证树苗有较高的成活率。

对于草本植物的种植方法主要有水力播种、铺设草皮等。水力播种即在水力播种机的贮箱内装满草籽，加肥料和水混合后搅拌后喷撒在边坡上。但水力播种的草籽质量低，容易遭受水蚀、风蚀使尚未扎根的草籽被搬运到边坡的下部。为了克服播种质量差，且容易受水、风蚀的影响，可在混合料中拌入锯末。水力播种机械化操作，施工简单。

6.6　排土场植物选配

植物品种的选择首先通过对项目区的植被和土壤进行实地调查分析，确定目标群落，同时了解项目实施地点的自然地理条件和项目实施的目的，选择适应当地立地气候条件的乡土植物品种，考虑工程实施的近期目标和远期目标结合植物本身的侵占能力进行植物品种的科学合理搭配，最终营建与周边生态环境相协调的稳定的目标群落。

根据现场苗木调查结果，矿区主要以荒漠草原植被类型为主，建群种属由旱生丛生小禾草组成，并混生大量弱旱生小半灌木与荒漠植物。由于矿区极端的立地条件，一般选择耐瘠薄、耐干旱、耐盐碱及抗风寒、病虫害、适应能力强并且发芽能力强、容易成活的植物品种。优先选择具有良好土壤能力的固氮植物。

排土场的马道及平台上选用草灌结合的方式，坡面上喷播草本草籽。具体选用品种如下：

乔木品种：河北杨、榆树；

灌木品种：丁香、沙地柏、锦鸡儿、柠条、优若藜、胡枝子等；

草本类植物品种：白茎盐生草、二色补血草、冷蒿、紫花苜蓿、披碱草、高羊茅、马蔺、女蒿、短花针茅、冰草、木地肤等；

攀援植物品种：爬山虎、五叶地锦等。

矿区自然条件差，导致植被成活率、保存率低，给生态建设工作增大了难度。因此在植被恢复过程中，必须考虑抗旱技术，在春季、雨季综合运用集水技术、保水剂、生根粉等技术进行生态植被恢复。

6.7 地表沉陷的治理与恢复技术

6.7.1 留设保护煤柱

留设保护煤柱包括井田边界煤柱、断层煤柱、运输道路煤柱、工业场地和风井场地煤柱、大巷煤柱以及其他地面需要保护的建(构)筑物煤柱。

6.7.2 搬迁

对井田内的受采煤影响的村庄采取搬迁措施,并编制搬迁计划,明确搬迁去向,并对搬迁废弃地及迁入地提出生态整治措施。

6.7.3 地表沉陷区生态整治措施

(1)裂缝填充。在进行土地复垦之前先对沉陷盆地边缘产生的裂缝进行填充,较小的裂缝就地平整,较大的裂缝充填步骤如下:

① 剥离裂缝地周围和需要削高垫低部位的表层土壤并就近堆放,剥离厚度为表层土壤厚度。

② 在复垦场地附近上坡方向就近选取土作为回填物。

③ 将回填物对沉陷裂缝进行填充,在充填部位或削高垫低部位覆盖耕层土壤。对于还未稳定的沉陷区域,应略比周围田面高出 5~10cm,待其稳定沉实后可与周围地面基本齐平。

④ 对于表层土壤质量较差的地块,直接剥离就近生土充填裂缝,不进行表土单独剥离。

(2)土地复垦:

① 耕地的复垦措施。

对耕地采取的土地复垦措施包括:充填垫高、土地平整、土地翻耕。

对地势较低的,对其采用充填垫高的土地整治措施。充填垫高步骤如下:(i)剥离裂需充填垫高的耕地的表层土壤,就近堆放,剥离厚度为表层土壤厚度。(ii)取选煤厂洗选矸石作为充填物。(iii)将充填物矸石对均匀回填在耕地的底部,然后在充填物上覆盖耕层土壤。

在充填垫高后,根据耕地不同破坏程度采取不同的复垦措施:对塌陷轻度损毁区域耕地进行平整;中度损毁区域耕地进行平整、翻耕,翻耕深度控制在0.2m 左右;重度损毁区域耕地进行平整、翻耕,翻耕深度控制在 0.3m 左右,施工时根据实际情况控制。

耕地表层耕植土应在平整前剥离、存放并在复垦后回填，剥离厚度为 20～30cm，存放在附近地段，并加以覆盖，待土地平整后均匀覆盖在耕地表面。

② 林地的复垦措施。

林地复垦的主要目的是修复受损的林地，控制可能发生的水土流失。对人工林采取的复垦措施主要有扶正、补种树木、撒播种子和管护，在沉稳后补种，补种量由原地类的栽植密度和损毁程度确定。

③ 草地的复垦措施。

草地复垦的主要目的是修复受损的草地，保证受塌陷影响的区域植被覆盖度不下降，并控制可能发生的水土流失。设计采用人力补播的方法，在雨季来临后到入秋前，补播草籽，损毁前草籽播撒 1 年即可，建议开采中和开采结束后草籽连续播撒 3 年，复垦为草地。

（3）植被后期养护措施。

可分为平时管护期和集中重点管护期。

平时管护分布于整个矿山开采及沉稳时段，包括对草地的追肥、中耕与覆土、灌溉、病虫害防治和刈割；对林地的平茬、除蘖、病虫害防治等。管护期间要注意巡查工作，防止滥砍滥伐、违法放牧等现象，杜绝草原火灾的发生，保护土地复垦成果。

集中重点管护期是根据矿山采矿接续安排，对重建初始的林草地区域的管护。管护时间一般为 6 年，包括及时对播种的苗木、灌木和草籽进行封育、扶苗培土、间苗定株、补植、补播等管护措施，保障复垦林、草地的正常生长，巩固复垦成果，改善当地生态环境。

（4）地表变形观测。

建立岩移观测站，按岩层及地表移动观测规程要求，对采动影响的地表移动变形情况——下沉、水平移动、水平变形、曲率变形和倾斜变形进行监测，观测站的位置选择在首采工作面上方沿煤层走向和倾向分别布点进行观测。

6.7.4 生态环境保护与恢复技术

（1）留存表土。

所有土地占用前，先进行表土剥离，表土单独存放，并设计表土防护措施；表土用于后期生态恢复。

（2）分期分区治理。

对于井工开采，将地面生态恢复与治理区域划分为工业场地区、风井场地区、施工生活区、场外道路区、供水管线区、场外输电线路区、填沟造地工程（排矸场）区、搬迁废弃地区等区域，在建设期和运营期分别采取生态治理措施。

① 工业场地区。

修筑砂石料场临时挡墙、场地北侧及西侧排洪沟；铺砌菱形骨架护坡工程、修筑场区内排水系统、挡土墙及围墙外截排水工程；在截水沟末端布设消力池、雨水出口处设计顺接工程；场区内修筑临时排水沟、沉沙池，料场苫盖措施；回填土临时防护；场区周边布设临时挡土墙；粗场平后，临时堆土占压空地区进行表土剥离，并设计临时防护措施；施工结束后，及时采取表土回覆及土地整治措施，进行场区绿化，布设绿化区域灌溉措施。

② 风井场地区。

施工前风井场进行清表，基础开挖土集中堆放区，对其设计临时防护措施。施工过程中，场区修筑临时排水沟、沉沙池及周边临时挡土墙；在场区坡顶设截水沟、坡面设急流槽、坡底设排水沟及排洪沟等截排水系统；截水沟末端布设消力池，雨水外排出口设计顺接工程。对填挖方边坡采取防护工程；施工结束后，场区空地采取土地整治措施，人工栽植灌草。

③ 施工生活区。

施工期对生活区外围修筑浆砌石排水沟，空地已铺方砖防护。施工过程中，边坡铺设沙柳网格；主体工程施工结束后进行土地整治措施，人工种草。

④ 场外道路区。

施工期，修筑道路单侧排水沟，道路与沟道连接处修筑临时挡土墙；施工结束后，道路两侧采取土地整治措施后，空地绿化；路基边坡铺设沙柳网格，网格内人工种草；对临时占地区采取人工种草措施。

⑤ 供水管线区。

管沟开挖区土方临时堆放于管沟一侧，采用挡土袋及临时苫盖措施；施工结束后，开挖区土地整治后，人工种草。

⑥ 场外输电线路区。

施工过程中，采用杆基基础回填土人工拍实防护措施；施工结束后，对扰动区采取土地整治措施，人工种草。

⑦ 填沟造地工程区。

矸石堆放前对填沟造地工程区进行表土剥离，用于后期填沟造地工程区的绿化覆土。施工过程中，修筑拦矸坝，坝体施工结束后，坝内侧安全距离区及扰动区采取土地整治措施，人工种草；营造周边防护林；设置矸石淋滤液收集池；并在场地外围修筑挡水围埝。矸石堆放时分台阶分层堆砌、分层覆土、分层碾压，矸石堆高达 5m 时留 3m 宽的平台。当堆矸体坡长不超过 20m 时，对该台阶采取闭库整治措施后开始另一个台阶的排矸，依此逐步向上堆放，直至整个填沟造地工程区排满，进行闭库整治。及时对形成的台阶、边坡及平台进行表土回覆，人工种植灌草。

（Ⅰ）表土剥离：填沟造地工程区排放矸石前需进行表土剥离，集中堆放在填沟造地工程区四周边缘处，并设计装土袋挡护及苫盖措施，施工结束后用于覆土恢复植被。剥离表土厚度约 10cm。

由于剥离表土堆放时间较长，应临时防护措施。设计堆土区底部用装土袋挡护，边坡及顶部种草防护。

（Ⅱ）表土回覆：生产期间，排弃矸石经碾压达到设计标高后，进行表土回覆。覆土源为剥离表土，表土回覆分区块进行。终期填沟造地工程区边坡覆土 0.5m，平台覆土约 1m。

（Ⅲ）土地整治：填沟造地工程区平台及边坡覆土结束后，进行土地整治，恢复植被。选择适生植物以重建人工生态系统。选定植物要满足以下特性：具有较强的适应脆弱环境和抗逆境的能力；生长繁殖能力强，能形成稳定的植被群落；根系发达，有较快的生长速度；播种栽培较容易，成活率高，繁殖量大，苗期抗逆性强，易成活；具有优良水土保持作用的植物种属等。

⑧ 搬迁废弃地生态整治措施。

搬迁后拆除房屋、清理地基、平整土地、表土覆盖，将搬迁后的土地复垦为草地。表土覆盖厚度不小于 30cm，草种植被选择当地适生植物种。

第7章 小 结

　　本研究通过对红庆梁煤矿生态环境的现状调查，对地表沉陷过程的生态环境影响进行了深入分析，预测并评价了地表沉陷对土地利用、耕地、林地、草地及生态系统等的影响，最后提出了留设保护煤柱、各类用地复垦等切实可行的地表沉陷引起的生态环境修复技术及模式，为实现开发影响区域地面沉陷恢复和控制，保护区域土地资源和水循环系统提供科技支撑。

第六篇

煤矿废气综合治理技术研究

第1章　研究背景

　　煤矿大气污染主要有煤尘污染、工业粉尘污染、锅炉烟气污染、矿井排风中有害气体、矸石山自燃和煤堆自然污染、运煤车辆尾气污染等[1]。煤矿产生的废气污染物主要是 SO_2、NO_x、H_2S、CO_2、CO、瓦斯等。我国大部分的煤矿都有瓦斯，高瓦斯和煤瓦斯突出矿井就占了将近一半。我国每年因为瓦斯爆炸造成的伤亡人数占了煤矿总事故的 1/3，也成为煤矿开发安全中最棘手的问题。此外，在井下工作还会产生其他的有害气体，煤炭会发生自燃产生 CO 和 CO_2，井下放炮会产生 CO 和 NO_x，井下工作的机器会排放大量的 NO_x，其他还有很多产生有害气体，造成了大气污染，极大影响了矿井周围群众的生活环境。另外，还有锅炉废气、粉尘带来的污染，这些因煤炭开采运输和装卸产生的粉尘，不仅会对井下环境造成污染，而且严重影响了生产安全。粉尘在由井下排到地面后会对周围的空气造成污染，给群众的生活环境产生影响。

　　从源头上控制废气污染环境问题，加强煤矿开发过程中污染防治已成为煤炭开采所面临的重要课题。本次研究选择鄂尔多斯市昊华红庆梁矿业有限公司井工煤矿及配套选煤厂为研究对象，研究其大气污染综合治理技术，以期对西部地区其他煤矿完善废气治理提供实践经验，同时为有关部门制定环境决策或开展环境管理提供必要的科学依据。

第2章 研 究 目 标

　　研究鄂尔多斯市昊华红庆梁矿业有限公司井工煤矿及配套选煤厂的工业场地燃煤锅炉烟气、筛分破碎车间除尘器尾气、工业场地和矸石场无组织排放扬粉尘、煤矿回风井风排瓦斯、煤矸石自燃等废气的产排情况及治理措施，分析其在区域大气环境中的污染机理及扩散特性，重点研发在特定区域条件下的废气污染综合治理集成技术。

第3章　研　究　内　容

（1）井工煤矿废气污染综合治理关键技术集成研发。

（2）井工煤矿开发过程中瓦斯监测与评估。

（3）井工煤矿废气污染机理及扩散特性研究。

（4）井工煤矿废气污染综合治理示范工程建设。

第4章 井工煤矿废气污染源概况

（1）锅炉烟气。

红庆梁矿井及选煤厂工业场地采暖、供热和井筒防冻的热源均来自工业场地锅炉房。锅炉燃用本矿原煤，煤质情况为水分 $M_{ar}=8\%$、灰分 $A_d=20.85\%$、全硫份 $S_{t,d}=0.36\%$、发热量 $Q_{ar,net}=18.22MJ/kg$。

工业场地锅炉房内现设有 3 台 SZL14-1.15-110/70 型和 1 台 SZL7-1.15-110/70 型高温热水链条锅炉，采暖季锅炉全部运行。非采暖季运行 1 台 SZL7-1.15-110/70 锅炉。各台锅炉均采用 SNCR 系统进行烟气脱硝，脱硝后的烟气采用布袋除尘器+旋流板式脱硫塔净化措施，脱硫塔采用双碱法脱硫。

（2）粉尘污染源。

井工煤矿粉尘主要是生产性粉尘，产生于井下生产和地面生产系统中。

井下工作面生产性粉尘来源于采煤工作面、掘进工作面、锚喷支护作业、转载、仓储等主要工序，尤其以采煤机、综掘机、破碎机、转载机及各转载点处产尘量较大，通过井下回风系统排出地面。

地面生产系统中产生的粉尘主要来源于地面煤的存储、运输、筛分、破碎、转载及装车及锅炉煤炭燃烧等环节。

筛分破碎车间。现布设 4 台干式微动力负压诱导除尘器(规格型号 BY-GFM/HDZ-36)。

主厂房。湿法作业产尘量较少，为减少车间内二次扬尘定期用水冲刷地面及设备，以确保车间内干净卫生。

煤炭输送。场地内输送采用全封闭式输煤栈桥，煤尘很少。在原煤、混煤带式输送机采用加压喷雾进行除尘，栈桥内原煤、混煤带式输送机每间隔 10 米左右设一喷头，并在导料槽内设置喷头。

原煤仓、产品仓及矸石仓防尘：2 个原煤仓(2 个直径 25m 的圆筒仓，总容量 20000t)、7 个产品仓(3 个直径 22m 和 4 个直径 18m 的圆筒仓，总容量 50000t)、2 个矸石仓(2 个 7m×7m 方仓，总容量 1100t)为密闭的建筑形式，煤尘很少。

（3）填沟造地工程区扬尘污染源。

红庆梁矿井及选煤厂矸石堆放于风井场地西侧约 50m，占地面积 14.05hm² 的排矸场内，容量约 220×10⁴m³，服务年限 5 年。矿井掘进矸石产生量 60kt/a，初期井下掘进矸石由胶轮车直接运至填沟造地工程区，后期矸石不出井，用于充填废弃巷道。洗选矸石量约为710kt/a，由汽车运至排矸场地，后期矸石运往矸石砖厂综合利用。排矸场表面分层压实，防止起尘；排矸场配置洒水车，定期洒水，减少矸石堆产生风吹扬尘，通过提高矸石的含水率来有效控制排矸场扬尘对环境空气的影响。

（4）矿井瓦斯。

红庆梁矿井设1个主斜井（倾角16°，斜长1744m，净宽5.2m，净断面17.9m²，井口标高+1410m，承担矿井的主提升、进风、安全出口任务）、1个副立井（井筒净直径9.5m，净断面70.9m²，井筒垂深464.5m，井口标高+1404.5m，承担材料、设备、人员等的提升兼进风任务）、1个回风立井（井筒净直径7.2m，净断面40.7m²，井筒垂深460m，井口标高+1425m，承担矿井的回风任务兼安全出口）。矿井为低瓦斯矿井，通风系统采用中央分列式通风，抽出式通风，由主斜井、副立井进风，回风立井回风。矿井达到设计产量时和矿井中后期最困难时期负压分别为1351.3Pa和2724.4Pa。

回风立井场地位于工业场地西边约1.5km的山坡上，占地约1.93hm²。与工业场地通过风井场地联络道路相连，场地设内有黄泥制浆站、风机房、配电室等。

本矿井瓦斯分带属二氧化碳–氮气带及氮气–沼气带，为低瓦斯矿井。各可采煤层的煤尘爆炸指数多在30%~40%，易发生煤尘爆炸煤层自燃等级为Ⅱ~Ⅰ级，自燃倾向性为自燃~容易自燃。地温正常区，未见异常高温现象。

第5章 废气污染治理技术分析及应用

5.1 煤矿供热锅炉烟气治理技术

锅炉是利用燃料燃烧释放的热能或其他热能加热热水或其他工质，以生产规定参数（温度、压力）和品质的蒸汽、热水或其他工质的设备。锅炉分为电站锅炉和工业锅炉，电站锅炉是生产的蒸汽（水蒸气）主要用于发电的锅炉；工业锅炉是生产的蒸汽或热水主要用于工业生产和/或民用的锅炉。工业锅炉从出口工质形态来分，分为蒸汽锅炉和热水锅炉，蒸汽锅炉是用以生产蒸汽（水蒸气）的锅炉，又称蒸汽发生装置；热水锅炉是用以生产热水的锅炉。

工业锅炉集中在供热、冶金、建材、化工等行业，主要分布在工业和人口集中的城镇及周边等人口密集地区，以满足居民采暖和工业用热水和蒸汽的需求为主，由于工业锅炉的平均容量小，排放高度低，燃煤品质差、差异大、治理效率低，污染物排放强度高，环境影响较容易受到关注，对城市大气污染贡献率高达45%~65%。

工业锅炉热效率较低，能耗大，设计经济运行热效率为72%~83%，实际运行效率60%~65%，远低于设计水平和国际平均水平。燃煤工业锅炉与电站锅炉相比，炉型构造和燃烧方式有很大不同，燃煤电站煤粒径较细，燃烧主要在炉膛空间进行，燃烧状况好。燃煤工业锅炉以链条炉为主，炉膛相对较小，燃烧方式为层燃，煤粒径大，燃烧集中在炉膛下部，燃烧条件相对较差。锅炉容量≤24.5MW（35t/h）的锅炉约占工业锅炉总量的98.9%，在中小型燃煤锅炉中有90%以上的锅炉为层燃式炉排锅炉（即层燃炉）。

5.1.1 烟气除尘

我国燃煤工业锅炉烟尘的治理始于20世纪70年代，最初广泛使用的是机械式除尘器，包括惯性除尘器、旋风除尘器等，其中以旋风除尘器为主，它的特点是结构简单、造价低，能处理大流量、高浓度的含颗粒（固体和液体）气体，其缺点是除尘效率不高。目前，这类除尘器在10t/h以下锅炉和10t/h及以上锅炉作为一级预除尘中仍有应用。之后，随着环境保护要求的日趋严格，发展了湿式除尘器。湿式除尘器对细粒子的捕集很有效，除尘效率可达70%~95%。目前，国内大于10t/h的工业锅炉基本上都采用湿式除尘器，对10t/h以上的抛煤机锅炉、煤粉炉或沸腾炉，在原锅炉配套的干式旋风除尘器后部再加一级麻石离心水膜除尘器。

未来一段时间内，工业锅炉将以布袋除尘、电除尘、电袋除尘等高效除尘技术为主，辅以清洁能源替代或型煤，在用锅炉执行80mg/m³的排放限值，新建锅炉执行50mg/m³的排放限值，特别排放限值执行30mg/m³的排放限值。

5.1.2 烟气脱硫

燃煤锅炉二氧化硫的治理按燃烧过程可分为燃烧前、燃烧中和燃烧后脱硫三种。目前，工业锅炉采用较多的是燃烧后脱硫，常见的有石灰/石灰石法、氧化镁法等脱硫工艺。石灰/石灰石法是烟气脱硫应用最广泛的方法。但由于工业锅炉的吨位较小，脱硫工艺一般采用自然氧化法，脱硫生成物与灰渣一起抛弃，加之系统不完善，浆液中的$CaSO_4$、$CaSO_3$等很容易达到饱和或过饱和浓度，因此易发生管道及设备结垢堵塞现象，给石灰/石灰石法在工业锅炉中的推广应用造成了一定的困难。氧化镁法脱硫工艺由于$MgSO_4$的溶解度是$CaSO_4$的近百倍，因此工艺系统运行稳定，不易发生堵塞现象。

燃煤工业锅炉自开展二氧化硫治理工作以来，大致经历三个阶段：第一阶段，采用燃气等清洁燃料或采用含硫量较低的煤炭或以固硫剂的型煤来替代传统使用的原煤，但因受到清洁燃料运行费用昂贵、低硫煤来源渠道不畅，固硫型煤着火和负荷适应性等影响，只在全国少数城市得到推广应用；第二阶段是在采用湿式除尘的基础上，添加脱硫剂，并发展了除尘脱硫一体化技术。由于在脱硫系统中含有大量烟尘，加上缺少脱硫副产物的处置装置，造成除尘脱硫系统磨损、结垢现象十分严重，影响正常运行；第三阶段，对小型锅炉在燃用低硫煤的同时，采用经改进的除尘脱硫一体化技术。对大中型燃煤工业锅炉烟气的治理，借鉴发电锅炉脱硫经验，主要采用了一级除尘+二级脱硫装置，并配备脱硫自控系统和烟气连续监测系统。

我国的燃煤工业锅炉大部分是层燃炉，其中20t/h及以上燃煤工业锅炉基本上采用了以镁、钙为脱硫剂的脱硫除尘一体化技术。今后，在用锅炉考虑脱硫改造的技术可行性和经济可行性，脱硫效率以65%~75%为宜，执行400mg/m³的排放标准；新建锅炉从严，执行经济可行的最佳环保技术，脱硫效率应达到75%~85%，执行300mg/m³的排放标准；特别排放限值的制定考虑环境空气质量达标的问题，采取严格的技术可行的治理技术，脱硫效率达到90%以上，二氧化硫执行200mg/m³的排放标准。

5.1.3 烟气脱硝

当前，从全国范围来说，燃煤工业锅炉氮氧化物的控制工作才刚开展。鉴于燃煤工业锅炉的炉膛结构和燃烧方式有别于发电锅炉，且锅炉容量较小，运行方式也不相同，火电厂氮氧化物污染防治技术难以在燃煤工业锅炉上实施。

我国燃煤锅炉 NO_x 排放以燃料型为主，热力型和快速型的 NO_x 可以忽略不计，影响燃料型 NO_x 的主要成因是空气燃料混合比，即过量空气系数越大，NO_x 产生越高，中小型层燃炉 NO_x 排放浓度随燃料挥发酚的增加而降低，二者具有负相关性，NO_x 排放浓度与过量空气系数和燃煤含氮量呈正相关。

由于我国在用工业锅炉氮氧化物没有采取控制措施，技术改造难度、空间和成本较大，排放限值不做严格要求，执行 $400mg/m^3$；新建锅炉拥有最佳使用技术支持，采用低氮燃烧技术氮氧化物的产生浓度可以削减 30%～40%，达到 $300mg/m^3$。重点地区锅炉严格要求，在锅炉设计、制造和运行上采取低氮燃烧技术，氮氧化物削减达到 50%～60%，执行 $200mg/m^3$ 的排放限值。

今后，燃煤工业锅炉氮氧化物的减排技术应在发展部分循环流化床锅炉的同时，针对燃煤工业锅炉以层燃炉为主的特点，借鉴发电锅炉低氮燃烧技术的原理进行拓展。

5.1.4 红庆梁煤矿锅炉烟气治理措施

红庆梁煤矿工业场地燃煤锅炉烟气原设计采用湿式除尘器+旋流板式脱硫塔净化措施，脱硫塔采用双碱法脱硫工艺，使锅炉除尘效率达到 99%，脱硫效率达到 75%；低氮燃烧。实际建设中将低氮燃烧改为 SNCR 脱硝，湿式除尘器改为布袋除尘器。脱硝脱硫效率提升，二氧化硫、氮氧化物、烟尘排放浓度能够满足《锅炉大气污染物排放标准》(GB13271—2014)中新建锅炉大气污染物排放浓度限值。脱硫采用双碱法脱硫工艺，脱硝采用氨法脱硝工艺，工艺流程见表 6-1 和表 6-2。

表 6-1　3×20t/h+1×10t/h 链条炉脱硫设备清单

序号	名称	规格	备注
1	脱硫塔	Φ1.8m，H18m，材质：不锈钢复合板(6mmQ235B+2mm316L)	
	脱硫塔	Φ2.6m，H18m，材质：不锈钢复合板(8mmQ235B+2mm316L)	
	喷淋母管	每个塔三层	
	喷嘴	螺旋喷嘴每个塔三层	
	除雾器	每个塔二层	
	平台及扶梯		

序号	名称	规格	备注
2	渣浆泵	$Q=5m^3/h$，扬程20m，1.1kW	一用一备
3	浆液泵	$Q=5m^3/h$，扬程40m，3.0kW	一用一备
4	石灰料仓	$V=30m^3$	
	螺旋输送机	配套石灰料仓，2.2kW	
	卸料器	配套石灰料仓，1.1kW	
	仓壁振动器		
	仓顶除尘器	配套石灰料仓	
	熟化池搅拌器	3.0kW	
5	碱罐	$V=3m^3$	
	加药装置		
	搅拌器	2.2kW	
6	浓缩机	$\Phi10m$，1.1kW	
7	氧化风机	44.1kPa，$4.0Nm^3/h$，5.5kW	一用一备
	氧化系统管道阀门		
8	脱硫循环泵	材质：合金钢，流量$50m^3/h$，扬程35m，15kW	一用一备
	脱硫循环泵	材质：合金钢，流量$100m^3/h$，扬程35m，30kW	一用一备
9	熟化池	$\Phi3m\times3m$	
	PH调节池	$5m\times4m\times4m$	
	置换池	$4m\times4m\times4m$	
	氧化池	$4m\times3m\times4m$	
	浓缩池	$\Phi10m\times4.5m$	
10	工艺水罐	$V=10m^3$	
	冲洗水泵	$Q=7m^3/h$，扬程50m，5.5kW	一用一备
	冲洗水泵	$Q=15m^3/h$，扬程50m，7.5kW	
11	水力旋流器		
12	带式压滤机	3.0kW	
	真空泵	配套压滤机，15kW	
	电控柜	配套压滤机	
	气控箱	配套压滤机	
	清洗泵	配套压滤机	一用一备

注：SO_2浓度按初始小于$1000mg/Nm^3$计算，达标标准为$100mg/Nm^3$。

表 6-2　3×20t/h+1×10t/h 链条炉脱硝设备清单

序号	设备名称	技术规格参数	备注
一	储氨模块		
1	氨水储槽	$V = 40m^3$	
2	卸氨泵	$15m^3/h$, 30m, 5.5kW	
3	液位计		
4	手动球阀	Q241F(304 材质)	
5	截止阀	J41H-16C	
6	附件	管道、弯头、三通、法兰等,材质 304 不锈钢	
二	氨水输送模块		
1	手动球阀	Q241F(304 材质)	
2	过滤器		
3	氨水输送泵	$1m^3/h$, 30m, 0.55kW	
4	止回阀	304 材质	
5	电动阀	开关型	
6	压力表		
7	压力传感器		
8	电磁流量计		
9	就地控制柜		
10	附件	管道、弯头、三通、法兰等,材质 304 不锈钢	
三	稀释混合模块		
1	氨水稀释罐	$V = 3m^3$	
2	氨水浓度计		
3	液位计		
4	手动球阀		
5	过滤器		
6	氨水计量泵	50L/h, 60m, 0.55kW	
7	氨水计量泵	100L/h, 70m, 0.75kW	
8	压力传感器		
9	电磁流量计		
10	压力表		
11	就地控制柜		
12	附件	管道、弯头、三通、法兰等,材质 304	

续表

序号	设备名称	技术规格参数	备注
四	计量分配模块		
1	分配管		
2	手动阀	304 材质	
3	电动调节阀		
4	压力表		
5	转子流量计		
6	接线箱		
7	附件	管道、弯头、三通、法兰等，材质 304	
五	还原剂喷射系统		
1	1 - 2#喷枪及其附件		
2	1 - 4#喷枪及其附件		
六	软化水系统		
1	软化水箱	$5m^3$	
2	稀释水泵	$1m^3/h$, 30m, 0.55kW	
3	手动球阀		
4	涡轮流量计		
5	电动控制阀		
6	附件	管道、弯头、三通、法兰等，材质 304 不锈钢	
7	就地控制柜		
七	压缩空气系统		
1	储气罐	$3m^3$	
2	电动调压阀	304 材质, 0~100% 开度调节, 4~20mA 信号	
3	手动球阀		
4	压力表	0~1.0MPa	
5	压力传感器	0~16bar(1.6MPa), 4~20mA	
6	接线箱		
7	管道、附件及支吊架	所需的各种规格	
八	催化剂系统		
1	催化剂	$5m^2$	
2	催化剂	$10m^2$	
3	吹灰器		
4	壳体		

注：NO_x 初始含量按小于 600mg/Nm^3 设计。

5.2 煤矿粉尘治理技术

5.2.1 井下工作面粉尘治理

（1）采煤工作面综合除尘。

采煤机割煤时产尘是综采工作面最主要的产尘源，主体设计为采煤机设置了内、外喷雾降尘系统，设计在液压支架处安装自动喷雾降尘装置，降柱、移架时采用液压支架自动喷雾控制阀进行同步喷雾，以对降柱、移架产生的粉尘进行治理；设计在破碎机处安装防尘罩和密闭喷雾装置，在工作面回风巷设粉尘浓度传感器对粉尘浓度进行连续监测，并将其接入安全监测监控系统。红庆梁煤矿采用的防尘技术措施如下。

① 采煤机割煤防尘。

采煤机割煤时，设内、外喷雾降尘系统同时作业，喷雾罩面大于截齿轮廓面。

② 液压支架降柱移架自动喷雾降尘。

液压支架降柱、移架作业是机械化采煤工作面的重要尘源之一，必须对其进行产尘控制。液压支架的产尘控制通过液压支架降柱自动喷雾完成，在工作面每一个液压支架上布置 4 个喷嘴，并公用一个自动喷雾控制阀，形成一个综合的自动喷雾系统。工作面煤机割煤时，其上下方 20m 范围内每 5 架开启一组喷雾正常工作，并保证雾化效果良好，覆盖全断面。

③ 破碎机全密闭喷雾降尘。

破碎机的产尘部位在破碎部，所以在破碎机出口处进行封闭，封闭长度4.5m，以增加灭尘空间。在密封范围内，所有缝隙皆严格封闭，防止粉尘外泄，同时在出煤口用悬垂胶带帘封堵，使灭尘空间呈全封闭空间。破碎机防尘罩内设置喷雾降尘装置。

④ 工作面粉尘控制与防护。

在工作面的回风巷 10~15m 处各设粉尘浓度传感器对粉尘浓度进行连续监测，并将其接入安全监测监控系统。同时在采煤工作面的回风巷距工作面 30m处、50m 处各设置 1 道自动控制风流净化水幕。

（2）掘进工作面综合防尘。

掘井工作面主要尘源点是综掘机作业点，其产生的粉尘大约占整个工作面粉尘的 90%，因此，要加强对掘进机作业时产尘的治理。

目前掘进机掘进除尘技术主要利用内、外喷雾降尘技术，同时采用自动喷雾降尘措施对回风流进行净化。

① 掘进机内喷雾降尘系统。

掘进机同时设置内、外喷雾装置，内喷雾系统的喷嘴设置在截割头上，安装供水装置后喷嘴向综掘机的每个截割头上进行喷雾。外喷雾降尘系统设在掘进机截割头伸缩部后端。将喷雾泵和水箱用平板车装载，安装在掘进机后部设备列车上，随着掘进机不断推进，定期向前移动。

② 粉尘浓度传感器、风流净化水幕。

为控制工作面粉尘的产生，在掘进机设置内外喷雾后在顺槽掘进面、大巷掘进头回风侧安装感应式浓度传感器监测粉尘浓度。并接入安全监测监控系统，以随时监测工作面回风流的粉尘浓度。同时在每个掘进工作面回风侧 30m 处、50m 处各设置 1 道自动控制风流净化水幕，以降低工作面回风流的粉尘浓度。

（3）锚喷支护作业综合防尘。

井下锚喷支护作业产生的粉尘主要发生在打锚杆眼钻孔、沙石料搅拌以及喷浆等工序。设计采取以下防尘措施：

① 打锚杆眼防尘。

打锚杆眼采取湿式钻孔，供水压力应低于风压 0.1~0.2MPa，耗水量不低于 2L/min，以钻孔流出的污水呈乳状岩浆为准。

② 锚喷支护防尘。

沙石混合料下井前洒水预湿。设计在喷射机上料时布设 2 台 MPC-1 型喷射机上料除尘装置。该装置主要由刮板输送机、控尘罩及除尘器组成。

③ 风流净化水幕。

设计距锚喷作业地点下风流方向 50m、100m 处各设置一道风流净化水幕。

（4）转载点防尘。

井下煤岩运输转载点由于受到风力或落差重力等作用，往往会产生煤尘和粉尘，特别是转载点产尘量更大。在转载点设置自动控制喷雾洒水降尘装置，同时转载点采用局部密闭措施，同时在装煤点下风侧 20m 内设置一道自动控制风流净化水幕。

（5）运输巷道防尘。

① 自动控制风流净化水幕。

本矿井的运输大巷主要有胶带运输机大巷、辅助运输大巷、回风大巷，设计在上述其他运输巷道内和产尘点采用自动控制防尘喷雾洒水，每隔 1000m 分别设置一道风流净化水幕。

② 通风防尘。

通风防尘是稀释和排除工作地点悬浮粉尘，防止过量累积的有效措施。通风

防尘要有合理的风量和风速，以排除粉尘。

5.2.2　地面生产及辅助系统·粉尘防治技术

（1）地面生产系统。

① 原煤储存运输系统。

红庆梁煤矿在地面生产系统中，原煤及产品煤、矸石均采用筒仓储存，所有运输皮带栈桥均为封闭走廊。

皮带运输送机的机头、机尾及落料点处均装设有自动喷雾洒水降尘装置，同时车间内皮带采用导料槽封闭。

② 筛分破碎车间除尘设施。

在筛分车间设有 1 台 2460 大块原煤分级筛（筛面面积为 14.4m²）及 3 台准备分级筛（筛面面积为 26.28m²），为收集上述设备在运行时散发的大量煤尘，除采取整体密闭措施外，在每台分级筛上设有一台型干式微动力负压诱导除尘器直接安装于筛面密闭罩上，含尘气体可直接进入除尘器，同时过滤出的煤尘返回至筛下溜槽中。

③ 通风防尘措施。

为有效排除车间、厂房内产生的煤尘，在原煤仓、产品仓仓上仓下、筛分破碎车间、主厂房、浓缩车间均设有轴流风机通风，

（2）地面辅助系统及公用工程防尘设施设计。

粉尘危害比较严重的辅助设施及公用工程包括锅炉房、机修车间、灌浆站。

① 锅炉房除尘。

锅炉房采用 2 级除尘，一级为干式布袋除尘器，二级为湿式脱硫塔，脱硫塔除去脱硫外，还兼顾除尘作用，一级除尘器漏掉的微小尘粒通过脱硫塔除掉。通过 2 级除尘后，除尘效率达到 99.9%。所有锅炉均采取湿式排渣。

锅炉房设置单独的集中操作室，同时设置高窗、侧窗，可进行自然通风。

② 机修车间防尘。

电焊作业时，操作人员应选择在现场风向的上风侧进行电焊工作，设置操作区，周围设置挡帘，同时为电焊工配备焊接面罩、焊接手套。

③ 其他防尘措施。

（Ⅰ）运矸车辆没有采用厢式货车。所有车辆都采用盖苫布的措施。对道路进行硬化，同时保持路面清洁和相对湿度，并加强对道路的维护，保证其路面处于完好状态，减少扬尘量。

（Ⅱ）工业场地场内道路扬尘采取洒水车洒水防尘抑尘措施，配置多用途地面洒水车，定时对地面洒水抑尘及绿化洒水。

（Ⅲ）对场外运煤道路进行洒水防尘，并在其周围植树种草绿化。

（Ⅳ）场地绿化以厂房周围和道路两旁为绿化重点，采用乔木、高灌木、低矮灌木结合的立体绿化结构，减少粉尘扩散。

（Ⅴ）在厂区周围栽种吸滞粉尘能力强的等绿化植物。

5.3　煤矿瓦斯利用技术

煤矿瓦斯利用主要集中在民用、发电、工业燃料及原料等方面，随着科技的不断发展，瓦斯利用技术也日趋成熟。

（1）高浓度瓦斯利用技术。

甲烷浓度在30%以上的瓦斯，称为高浓度瓦斯。目前我国对瓦斯的利用主要集中在这部分，利用方式有民用瓦斯燃气、工业瓦斯锅炉和瓦斯发电。

民用瓦斯燃气。阳泉、抚顺矿区对其利用规模较大，年利用量达 $60 \times 10^6 \, m^3$ 以上，淮南矿区已具备同时向10万户居民供瓦斯燃气的储备能力。

工业瓦斯锅炉。晋城、淮南等矿区已应用工业瓦斯锅炉。

瓦斯发电。目前瓦斯发电技术已经基本发展成熟，我国自1989年在抚顺老虎台煤矿建成1500kW的瓦斯发电站后，贵州、山西等省的瓦斯突出(高瓦斯)矿井相继建设了瓦斯发电站，瓦斯发电机组已达 $10 \times 10^4 kW$。

（2）低浓度瓦斯利用技术。

目前，比较成熟或处于工业示范阶段的低浓度煤矿瓦斯利用技术主要包括内燃机直接发电技术、浓缩提纯技术和催化氧化汽轮机发电技术等，其中低浓度煤矿瓦斯浓缩提纯技术和低浓度煤矿瓦斯催化氧化发电技术尚处于技术可行性验证的工业示范阶段。

① 内燃机直接发电技术。

煤矿瓦斯浓度在5%~16%之间易于爆炸，当甲烷浓度在9%左右时爆炸威力最强，其速度可达2000~3000m/s，同时产生巨大的能量，低浓度煤矿瓦斯内燃机直接发电技术是利用这一特性推动引擎做功，实现化学能向电能的转换。

在低浓度煤矿瓦斯内燃机直接发电方面，我国率先取得突破。胜动集团是世界上第一家成功研制低浓度瓦斯发电机组的公司，可将浓度高于6%的低浓度瓦斯转换成电能。国内研制低浓度瓦斯发电机组的厂家还有济南柴油机厂、南通宝驹气体发动机厂、河南柴油机重工等。另外，由于看好中国低浓度煤矿瓦斯发电的巨大市场，美国卡特彼勒公司也开始涉足低浓度瓦斯发电领域，研发了适用于10%以上浓度范围的低浓度瓦斯发电机组。

② 浓缩提纯技术。

低浓度煤矿瓦斯浓缩提纯技术主要有深冷分离技术、膜分离技术、变压吸附（PSA）技术和真空变压吸附（VPSA）技术四种，其中真空变压吸附（VPSA）技术是对变压吸附（PSA）法进一步优化的气体分离浓缩技术，目前已在制富氧、制 CO_2 等工业装置上广泛应用。

当前，真空变压吸附（VPSA）技术提纯低浓度煤矿瓦斯已在淮南矿业集团实现了工业性试运行，是一种比较成熟的技术。该项目于 2011 年 4 月试运行，可把甲烷浓度为 12% 的低浓度煤矿瓦斯提纯到 30% 用于民用，项目产能为 $1800Nm^3/h$。其主要技术原理为低浓瓦斯在常压下被吸附后，采用抽真空方式提高瓦斯纯度，即利用抽真空的办法降低被吸附组分的分压，使被吸附的组分（CH_4）在负压下解吸出来。

另外，四川天一科技股份有限公司正与通用电气公司合作研发低浓度煤矿瓦斯变压吸附提纯发电技术，日本大阪燃气株式会社与辽宁阜新煤业集团在 2009 年进行了低浓度煤矿瓦斯变压吸附提纯试验，把浓度范围在 20%~30% 的低浓度瓦斯提纯到 45%~55%。

③ 催化氧化气轮机发电技术。

低浓度煤矿瓦斯（2%）催化氧化气轮机发电技术是由日本川崎重工业株式会社研发的，主要工作原理是低浓度瓦斯装置采用催化燃烧技术，将甲烷和空气中的氧气吸附在催化剂表面，利用催化剂的强氧化功能，使燃料低温氧化，不产生 NO_x，也没有火焰。主要工艺流程为燃气轮机自行吸入 2% 以上的低浓度瓦斯（若瓦斯浓度高于 2%，装置自动配入定量空气稀释），通过催化燃烧推动燃气轮机发电。

（3）矿井风排瓦斯利用技术。

甲烷含量低于 5% 的煤矿瓦斯气体占 80% 以上，是瓦斯开发利用的难点，也是应引起高度重视的能源部分。目前，对矿井风排瓦斯采取的主要措施是直接排空，以减少矿井的安全隐患。矿井风排瓦斯利用技术主要分为两类：一类是辅助燃料利用技术，另一类是主力燃烧利用技术。

① 氧化销毁技术。山西晋城寺河矿小东山回风井回风量约 $1.5×10^4 m^3/min$，风排瓦斯浓度平均为 $0.53m^3/min$，每年直接排放到大气中的纯甲烷量约为 $407.68×10^4 m^3$，采用风井安装 11 台氧化装置对风排瓦斯进行直接氧化销毁，每年可减排二氧化碳 362.516t。

② 辅助燃料利用技术。辅助燃料技术有燃气轮机和内燃发动机。Northwest Fuel Development 曾研发小型（225kW）天然气燃气轮机，利用矿井风排瓦斯发电。1995 年，BHP 公司在澳大利亚阿平矿建造了瓦斯发电厂，该发电厂由 54 台 1MW

的内燃发动机组成。此外，矿井风排瓦斯也可以用于矿井附近火电厂锅炉、砖窑炉的供风系统中。

③ 主力燃烧利用技术。主力燃烧利用技术主要有热力双向流反应器(TFRR)和催化媒双向流反应器(CFRR)。热力双向流反应器原本用于消除有机挥发物排放，该技术应用了气体(矿井风排瓦斯)与固体间再热交换原理，是将其氧化并生热的一个工艺过程。催化媒双向流反应器的结构及运行模式与TFRR基本相同，不同之处在于床体两端增加了惰性材料。

④ 风流反向反应器技术。利用瓦斯和热交换器介质坚硬床层间再生热交换原理，风排瓦斯从一个方向流入，经过反应器，温度升高，直到瓦斯被氧化。氧化瓦斯的热产品继续朝坚硬床层远侧流动时，失去热量，直到风流自动反向，最后排放出空气、二氧化碳、水和热量。热量可向当地供热，或煤气透平发电。根据实验和现场经验，风流反向反应器可以在风排瓦斯浓度低达0.1%的情况下维持运转。在美国，这项已属成熟的技术即将投入商业应用。

⑤ 浓缩技术。浓缩器是另一种经济利用风排瓦斯的新技术。一台浓缩器可以将风排瓦斯的浓度提高20倍。这对于同低浓度风排瓦斯掺和用于低级燃料汽轮机可能有利，或者提高浓度达到未稀释瓦斯的水平加以利用。关键在于如何提高增大风排瓦斯浓度的效率，目前，虽然提高增大风排瓦斯浓度0.1%至1.0%效率的试验已取得了一定进展，但还不理想。

红庆梁煤矿矿井风排瓦斯甲烷浓度较低，采取直接排空，以减少矿井的安全隐患，今后可考虑进行利用。

5.4 其他井下有毒有害气体防治技术

煤矿井下有毒有害气体防治最有效的手段是通过矿井通风将有毒有害物质浓度稀释到接触限值以下，其次是采用监测监控系统、检测仪等及时监测作业场所有毒有害气体浓度，浓度超过接触限值时及时采取通风、撤离现场等安全措施。

(1) 井下通风。

本矿井为通风方式为中央并列式，抽出式通风方式。主、副立井进风，风井斜井回风。

选用二台FBCDZ-10-№30型对旋防爆轴流式通风机，每台风机配二台YBF防爆电机(660kV，2×250kW，590r/min)，其中一台工作，一台备用。

主要通风设施有风门、调节风门、风墙、风桥、风帘等。

所有掘进工作面正常工作的局部扇风机均配备安装同等能力的备用局部扇风机，并能自动切换。正常工作的局部扇风机采用三专(专用开关、专用电缆、专用变压器)供电；备用局部扇风机电源取自同时带电的另一电源，当正常工作的局部扇风机故障时，备用局部扇风机能自动启动，保持掘进工作面通风需要。

采取防止漏风和降低风阻的措施。

① 对不允许风流通过，也不需要行人、行车的进、回风巷道之间的联络巷道，要设置永久挡风墙。

② 对采空区及废弃巷道要及时封闭，并应经常检查密闭效果。

③ 在行人或行车而又不允许风流通过的巷道中，应设置风门，并对风门进行遥控和集中监视。为避免风门开启时风流短路，在同一巷道内应设置两道风门，并禁止两道风门同时打开。

④ 为防止矿井在反风时风流短路，在主要风路之间的风门应增设二道反向风门。

⑤ 主要进、回风巷道，砌壁或锚喷表面应尽量平整光滑，并保持巷道整洁，不乱堆放杂物，以降低巷道风阻和减少局部阻力。

⑥ 对于损坏或变形较大的巷道要及时修复，清除堵塞巷道，以保证通过的有效风量和减少通风阻力。

⑦ 通风设施要完备，对于不合格的地方要及时修补更换，以防风流短路等不良后果发生。

⑧ 设置专职人员对矿井通风系统和通风设施按时进行检查和维修。

⑨ 建立完整的通风系统管理制度。

⑩ 在掘进巷道贯通时采取通风措施。

5.5 废气污染源监测

对工业场地燃煤锅炉烟气、筛分破碎车间除尘器尾气和车间粉尘、工业场地和填沟造地工程区周界外最高质量浓度进行了实测(表6-3)。

(1) 工业场地燃煤锅炉烟气。

燃煤锅炉大气污染物排放执行《锅炉大气污染物排放标准》(GB 13271—2014)新建锅炉大气污染物排放浓度限值。其中烟尘排放浓度执行 $50mg/m^3$，SO_2 排放浓度执行 $300mg/m^3$，NO_x 排放浓度执行 $300mg/m^3$。

工业场地锅炉房内设有 3 台 SZL14-1.15-110/70 型和 1 台 SZL7-1.15-110/70 型高温热水链条锅炉，各台锅炉均采用 SNCR 脱硝+布袋除尘+双碱法脱硫。

表6-3 废气监测内容

污染源	监测点位	监测项目	监测频次
1#20t/h 热水锅炉	布袋除尘器+旋流板式脱硫塔进口 ◎1 出口◎2	烟气参数、烟尘、SO_2、NO_x 初始浓度、初始速率、排放浓度、排放速率、除尘、脱硫、脱硝效率	监测2天，每天3次
2#20t/h 热水锅炉	布袋除尘器+旋流板式脱硫塔进口 ◎3 出口◎4		
3#20t/h 热水锅炉	布袋除尘器+旋流板式脱硫塔进口 ◎5 出口◎6		
4#10t/h 热水锅炉	布袋除尘器+旋流板式脱硫塔进口 ◎7 出口◎8		
总排口	锅炉烟气总排口◎9	烟气参数、烟尘、SO_2、NO_2、汞及其化合物排放浓度、排放速率、林格曼黑度	

根据监测结果，工业场地锅炉房大气污染物排放满足《锅炉大气污染物排放标准》(GB 13271—2014)新建锅炉大气污染物排放浓度限值(表6-4，表6-5)。

表6-4 锅炉废气监测结果表

点位	项目	单位	1#锅炉除尘器、脱硫塔	2#锅炉除尘器、脱硫塔	3#锅炉除尘器、脱硫塔	4#锅炉除尘器、脱硫塔
进口◎1	标干烟气量	Ndm^3/h	19083	20343	18987.66667	16591.83333
	颗粒物实测浓度	mg/m^3	445.0	301.2	433.3	317.1
	颗粒物排放速率	kg/h	8.5	6.1	8.2	5.3
	二氧化硫排放浓度	mg/m^3	1083.3	1202.3	1162.7	1151.8
	二氧化硫排放速率	kg/h	20.7	24.5	22.1	19.1
出口◎2	标干烟气量	Ndm^3/h	20643.7	20689.2	19223.8	16905.0
	颗粒物实测浓度	mg/m^3	5.3	15.5	13.1	14.1

续表

点位	项目	单位	1#锅炉除尘器、脱硫塔	2#锅炉除尘器、脱硫塔	3#锅炉除尘器、脱硫塔	4#锅炉除尘器、脱硫塔
出口◎2	颗粒物排放速率	kg/h	0.1	0.3	0.3	0.2
	二氧化硫排放浓度	mg/m³	77.7	105.8	122.2	104.3
	二氧化硫排放速率	kg/h	1.6	2.2	2.4	1.8
	氮氧化物排放浓度	mg/m³	65.5	95.3	85.2	97.8
	氮氧化物排放速率	kg/h	1.4	2.0	1.6	1.7
	标干烟气量	Ndm³/h	19767.8	19949.3	21056.3	21235.8
	氮氧化物排放浓度	mg/m³	263.8	278.8	261.7	246.5
	氮氧化物排放速率	kg/h	5.2	4.9	5.5	5.2
除尘效率		%	98.5	95.1	96.7	96.2
脱硫效率		%	92.2	90.9	90.1	92.0
脱硝效率		%	74.1	64.2	72.9	71.1

表 6-5　锅炉废气排放浓度监测结果表

点位	项目	单位	最大值	执行标准限值	达标情况
烟囱出口◎9	标干烟气量	Ndm³/h			
	颗粒物排放浓度	mg/m³	29.7		
	颗粒物折算浓度	mg/m³	44.6	50	达标
	颗粒物排放速率	kg/h	1.54		
	二氧化硫排放浓度	mg/m³	115		

续表

点位	项目	单位	最大值	执行标准限值	达标情况
烟囱出口◎9	二氧化硫折算浓度	mg/m³	168	300	达标
	二氧化硫排放速率	kg/h	5.99		
	氮氧化物排放浓度	mg/m³	103		
	氮氧化物折算浓度	mg/m³	154	300	达标
	氮氧化物排放速率	kg/h	5.83		
	汞及其化合物实测浓度	mg/m³	0.0099		
	汞及其化合物折算浓度	mg/m³	0.0152	0.05	达标
	汞及其化合物排放速率	kg/h	5.1×10^{-4}		
	含氧量	%			
	烟气黑度	级	<1	≤1	达标

(2)筛分破碎车间除尘器尾气和车间粉尘。

筛分破碎车间除尘器出口颗粒物执行《煤炭工业污染物排放标准》(GB 20426—2006)新改扩标准,颗粒物排放浓度执行 80mg/m³。

筛分破碎车间布设 4 台干式微动力负压诱导除尘器(规格型号 BY-GFM/HDZ-36),具体采样点位、监测内容见表6-6。另在筛分破碎车间、洗煤厂主厂房各布设 2 个监测点位。

表6-6 废气监测内容

污染源名称	监测点位	监测项目	监测频次
1#干式微动力负压诱导除尘器	除尘器进口◎10 出口◎11	颗粒物初始浓度及速率、排放浓度及速率、除尘效率	监测2天,每天3次
2#干式微动力负压诱导除尘器	除尘器进口◎12 出口◎13		
3#干式微动力负压诱导除尘器	除尘器进口◎14 出口◎15		
4#干式微动力负压诱导除尘器	出口◎16		

根据监测结果，筛分破碎车间除尘器出口颗粒物执行《煤炭工业污染物排放标准》(GB 20426—2006)新改扩标准，可满足颗粒物排放浓度 80mg/m³。

(3)工业场地和填沟造地工程区无组织排放扬粉尘。

工业场地和填沟造地工程区周界外质量浓度最高点执行《煤炭工业污染物排放标准》(GB 20426—2006)新改扩标准，颗粒物浓度执行 1.0mg/m³，SO_2 浓度执行 0.4mg/m³。

煤矿所在地多年主导风向为西南风，在工业场地和填沟造地工程区布设无组织排放监测点。其中工业场地上风向布设 1 个监测点，下风向布设 4 个监测点；填沟造地工程区上风向布设 1 个监测点，下风向布设 2 个监测点；共 8 个监测点位。参照点和监控点的具体位置根据监测时主导风向等气象条件及现场实际情况进行调整。具体采样点位、监测内容见表 6-7。

表 6-7　无组织排放监测项目、点位、监测频次表

序号	监测地点	监测点位	监测项目及监测频次	工况要求	监测目的
1	工业场地	工业场地上风向	颗粒物和 SO_2 排放浓度；连续 2 天，每天 3 次(10：00、14：00、19：00)，每次采样连续 1h 同时记录监测期间的风向、风速等气象条件	煤矿正常生产，在有微风条件下测试，各测点高度大于 1.5m	参照点浓度
2		工业场地下风向厂界外 2~50m 内浓度最高点			监控点浓度
3					监控点浓度
4					监控点浓度
5					监控点浓度
6	填沟造地工程区	上风向			参照点浓度
7		下风向			监控点浓度
8		下风向			监控点浓度

根据监测结果，工业场地、填沟造地工程区无组织废气颗粒物和二氧化硫排放达标(表 6-8~表 6-11)。

表 6-8　工业场地无组织废气检测结果

检测项目	检测日期	检测时间	检测点位				
			DQ-001	DQ-002	DQ-003	DQ-004	DQ-005
颗粒物 /(mg/Nm³)	8月6日	10：00-11：00	0.022	0.469	0.088	0.231	0.044
		14：00-15：00	0.022	0.538	0.067	0.160	0.042
		19：00-20：00	0.022	0.146	0.043	0.144	0.039
		监控点与参考点浓度差值	0.516(最大差值)				

检测项目	检测日期	检测时间	检测点位				
			DQ-001	DQ-002	DQ-003	DQ-004	DQ-005
颗粒物/(mg/Nm³)	8月7日	10：00-11：00	0.022	0.769	0.102	0.307	0.044
		14：00-15：00	0.022	0.647	0.048	0.156	0.052
		19：00-20：00	0.023	0.146	0.056	0.123	0.033
		监控点与参考点浓度差值	0.747(最大差值)				
		执行标准	1.0				
		结果评价	达标				
	备注	执行《煤炭工业污染物排放标准》(GB 20426—2006)表5中标准限值；无组织监测点位 DQ-001 为参考点(上风向)，DQ-002、DQ-003、DQ-004、DQ-005 为监控点(下风向)					

表6-9　工业场地无组织废气检测结果

检测项目	检测日期	检测时间	DQ-001	DQ-002	DQ-003	DQ-004	DQ-005
SO_2/(mg/Nm³)	8月6日	10：00-11：00	0.016	0.017	0.018	0.020	0.019
		14：00-15：00	0.012	0.013	0.014	0.015	0.014
		19：00-20：00	0.015	0.017	0.016	0.021	0.016
		监控点与参考点浓度差值	0.006(最大差值)				
	8月7日	10：00-11：00	0.016	0.017	0.017	0.02	0.019
		14：00-15：00	0.012	0.013	0.014	0.015	0.014
		19：00-20：00	0.015	0.016	0.017	0.022	0.017
		监控点与参考点浓度差值	0.007(最大差值)				
		执行标准	0.4				
		结果评价	达标				
	评价标准	《煤炭工业污染物排放标准》(GB 20426—2006)表5中标准限值；无组织监测点位 DQ-001 为参考点(上风向)，DQ-002、DQ-003、DQ-004、DQ-005 为监控点(下风向)					

表6-10　填沟造地工程区无组织废气检测结果

检测项目	检测日期	检测频次	DQ-006	DQ-007	DQ-008
颗粒物/(mg/Nm³)	8月9日	10：00-11：00	0.046	0.068	0.091
		14：00-15：00	0.023	0.043	0.070
		19：00-20：00	0.023	0.053	0.069
		监控点与参考点浓度差值	0.047(最大差值)		

检测项目	检测日期	检测频次	DQ-006	DQ-007	DQ-008
颗粒物 /(mg/Nm³)	8月10日	10:00-11:00	0.023	0.069	0.039
		14:00-15:00	0.023	0.038	0.045
		19:00-20:00	0.023	0.040	0.056
		监控点与参考点浓度差值	0.046(最大差值)		
		执行标准	1.0		
		结果评价	达标		
	评价标准	执行《煤炭工业污染物排放标准》(GB 20426—2006)表5中标准限值；无组织监测点位 DQ-006 为参考点(上风向)，DQ-007、DQ-008 为监控点(下风向)			

表 6-11 填沟造地工程区无组织废气检测结果

检测项目	检测日期	检测频次	DQ-006	DQ-007	DQ-008
SO_2 /(mg/Nm³)	8月9日	10:00-11:00	0.018	0.019	0.019
		14:00-15:00	0.014	0.016	0.015
		19:00-20:00	0.016	0.019	0.017
		监控点与参考点浓度差值	0.003(最大差值)		
	8月10日	10:00-11:00	0.016	0.001	0.001
		14:00-15:00	0.013	0.001	0.001
		19:00-20:00	0.013	0.001	0.001
		监控点与参考点浓度差值	0.001(最大差值)		
		执行标准	0.4		
		结果评价	达标		
	评价标准	执行《煤炭工业污染物排放标准》(GB 20426—2006)表5中标准限值；无组织监测点位 DQ-006 为参考点(上风向)，DQ-007、DQ-008 为监控点(下风向)			

(4) 回风井瓦斯。

执行《煤层气(煤矿瓦斯)排放标准(暂行)》(GB 21522—2008)中表1的排放限值，煤矿回风井风排瓦斯没有排放限值要求。

煤矿回风井监测项目为：回风量(10^4m³/min)、风排瓦斯浓度(mg/m³)；连续监测 2 天，每天采样 3 次。

回风井废气排放浓度监测结果见表 6-12。甲烷浓度 19.81~22.27mg/m³，1.01%~1.39%。

表 6-12　回风井废气监测结果表　　　　　　　　　　　　　　　mg/m³

回风井	监测项目及结果				
	甲烷				
	采样时间：1.24			采样时间：1.25		
1	2	3	4	5	6
20.01	22.27	19.81	21.44	20.87	20.87
备注	回风井监测断面截面积 24.75m²，平均流速 2.5m/s，回风井风量约 0.37×10⁴m³/min。				

5.6　区域环境空气质量现状

执行《环境空气质量标准》(GB 3095—2012) 中二级标准限值(表 6-13)。

表 6-13　环境空气质量标准

污染物名称	取值时间	二级	浓度单位
$PM_{2.5}$	24h 平均	150	$\mu g/m^3$
PM_{10}	年平均	70	$\mu g/m^3$
	24h 平均	150	$\mu g/m^3$
TSP	年平均	200	$\mu g/m^3$
	24h 平均	300	$\mu g/m^3$
SO_2	年平均	60	$\mu g/m^3$
	24h 平均	150	$\mu g/m^3$
	1h 平均	500	$\mu g/m^3$
NO_2	年平均	40	$\mu g/m^3$
	24h 平均	80	$\mu g/m^3$
	1h 平均	200	$\mu g/m^3$
CO	24h 平均	4	mg/m^3
	1h 平均	10	mg/m^3
O_3	日最大 8h 平均	160	$\mu g/m^3$
	1h 平均	200	$\mu g/m^3$

根据研究对象环评阶段监测布点原则，本次研究共布设 4 个环境空气质量监测点，布点情况详见表 6-14。

表 6-14　环境空气监测点一览表

监测点位置	布点原则
鄂来南社	背景值
鄂来北社	填沟造地工程区下风向居民点
补拉湾社	工业场地下风向居民点
红庆梁	上风向居民点

监测项目为 TSP、PM_{10}、$PM_{2.5}$、SO_2、NO_2、CO、O_3。监测频次及时间为连续监测 7 天。TSP 日均浓度每天采样 24h，SO_2、NO_2、CO、$PM_{2.5}$ 和 PM_{10} 日均浓度每天至少采样 20h，SO_2、NO_2、CO、O_3 小时值每天 4 次，开始时间分别为 2：00、8：00、14：00、20：00，每次采样至少 45min。要求采样时同点观测风向、风速、气温、气压、相对温度、云量(总云、低云)等气象因素。

根据监测结果，鄂来南社、鄂来北社、补拉湾社、红庆梁 4 个监测点位，TSP、PM_{10}、$PM_{2.5}$、SO_2、NO_2、CO、O_3 的最大日均浓度占标率分别为 58.33%、76.00%、128.00%、10.00%、27.50%、12.50%、60.63%，其中 $PM_{2.5}$ 超标。SO_2、NO_2、CO、O_3 的最大小时浓度占标率分别为 4.20%、16.50%、6.00%、66.50%。

在煤矿所在区域布设了 6 个环境空气质量监测点，采用《环境空气质量标准》(GB 3095—2012)中二级标准值进行等标计算，区域环境空气质量良好，各监测点的 SO_2 和 NO_2 小时浓度和日均浓度及 TSP 和 PM_{10} 的日均浓度全部达到《环境空气质量标准》(GB 3095—2012)中二级标准。TSP、PM_{10}、SO_2、NO_2 的最大日均浓度占标率分别为 73.33%、71.33%、13.33%、32.50%。SO_2、NO_2 的最大小时浓度占标率分别为 5.00%、14.50%。

与本次实际监测数据 TSP、PM_{10}、SO_2、NO_2 的最大日均浓度占标率分别为 58.33%、76.00%、10.00%、27.50%。SO_2、NO_2 的最大小时浓度占标率分别为 4.20%、16.50%对比分析，4 项污染物浓度变化不大。

第6章 废气污染物大气传输扩散

6.1 地区气象特征

地面气象历史资料来源于矿区地区气象站近三十年(1985~2014 年)的地面常规气象统计资料。矿区地区气象站地面观测站地处内蒙古鄂尔多斯市矿区地区区,地理位置为 39°50′N,109°59′E,观测场海拔高度 1461.9m。矿区地区属典型中温带大陆性气候,该地区气候特征主要表现为冬季寒冷、雨雪较少,春季干旱风大,夏季炎热、降水偏少且相对集中,秋季气温剧降。近三十年(1985~2014 年)的气象资料显示:该地区年平均气温为 6.6℃,极端最高气温为 36.5℃,极端最低气温为 -28.4℃,≥10℃ 的积温 2754.4℃,年平均气压为 853.7hPa;年平均相对湿度为 49%;年降水量为 369.7mm;年蒸发量为 2251.1mm;年平均风速为 2.9m/s;年主导风向为 S,出现频率 16.5%,SSE 风的出现频率也较高,为 8.2%,静风的年出现频率为 7.9%。全年以 WNW 方向的平均风速最大,为 4.0m/s。矿区地区近三十年(1985~2014 年)各气象要素统计见表 6-15。

表 6-15 矿区地区近 30 年主要气象特征表(1985~2014 年)

项 目	数值
年平均气温/℃	6.6
年最高气温/℃	36.5
年最低气温/℃	-28.4
年平均气压/hPa	853.7
年平均水汽压/hPa	5.9
年极端最高降水量/mm	547.5
年平均降水量/mm	369.7
年平均风速/m/s	2.9
年最大风速/m/s	15
主导风向	S
年扬沙日数/d	18.5

172

续表

项　　目	数值
年最大积雪深度/cm	28
最大冻结深度/m	1.36
年平均蒸发量/mm	2252.1

6.1.1 气温

矿区地区近30年各月平均气温的统计值见表6-16，矿区地区区近30年逐月平均气温变化曲线见图6-1，矿区地区近30年的平均气温为6.6℃，全年最冷月为一月，平均气温为-9.9℃，最热月出现在七月，平均气温21.4℃。

表6-16 矿区地区近30年(1985~2014年)各月年平均气温

月(年)	1	2	3	4	5	6	7	8	9	10	11	12	年
平均气温/℃	-9.9	-6.3	0.0	8.1	14.9	19.5	21.4	19.3	14.2	7.2	-1.3	-7.9	6.6

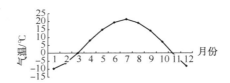

图6-1 矿区地区近30年逐月平均气温变化曲线

6.1.2 地面风场特征

地面风向、风速的统计分析是污染气象中最基本的方面，其风况不但受季节变化制约，而且明显受地形级地表状况影响。矿区地区区气象站地处内蒙古中部，该地地面风的变化规律：春季由于冷暖气团交替，气旋活动频繁，地表覆盖度较差，故多风沙天气；夏季由于降水相对集中，当锋面过境可伴有雷雨和大风天气，瞬时风速较大；秋季虽为冷暖气团交替时期，但此时气团活动远不如春季活动频繁，因此，风沙天气较少；冬季常处于稳定的大气层结，风速较小。

（1）地面风向基本特征。

由矿区地区1985~2014年近三十年的地面平均风向频率及各风向下平均风速统计见表6-17，由表可知，该地区年主导风向为S风，出现频率为16.5%，SSE风的出现频率也较高，为8.2%，静风的年出现频率为7.9%。全年以WNW方向的风平均风速最大，为4.0m/s，W方向的风平均风速也较大，为3.8m/s。

表 6-17　矿区地区近三十年地面风向频率及各风向下平均风速统计表

风向	N	NNE	E	ENE	E	ESE	E	SSE	S	SSW	W	WSW	W	WNW	NW	NNW	C
风向频率/%	6.0	4.2	3.9	2.6	1.8	2.1	3.4	8.2	16.5	7.7	3.7	3.6	7.1	8.1	7.7	5.7	7.9
平均风速/(m/s)	2.6	2.4	2.7	2.8	2.6	2.5	2.4	2.9	3.2	3.3	2.8	3.1	3.8	4.0	3.4	3.0	

（2）地面风速变化。

从矿区地区气象站近 30 年(1985~2014 年)平均风速的统计见表 6-18，由表可以看出：该地区年平均风速为 2.9m/s。全年最大风速出现在 4 月，平均风速为 3.4m/s，平均风速最小出现在 1 月，平均风速为 2.6m/s；风速的年较差为0.8m/s，逐月平均风速变化曲线见图 6-2。

表 6-18　矿区地区近 30 年各月、年平均风速数值　　　　　m/s

月	1	2	3	4	5	6	7	8	9	10	11	12	年均值
平均风速	2.6	2.7	3.1	3.4	3.3	3.1	2.9	2.7	2.7	2.7	3.0	2.8	2.9

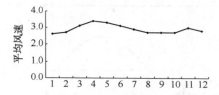

图 6-2　矿区地区近 30 年逐月平均风速变化曲线

（3）地面风速的日变化。

矿区地区各季平均风速日变化统计见表 6-19。

表 6-19　矿区地区各季平均风速日变化统计表　　　　　m/s

小时风速	0	1	2	3	4	5	6	7	8	9	10	11
春季	2.5	2.3	2.5	2.5	2.4	2.6	2.6	2.7	3.0	3.5	3.7	3.8
夏季	2.2	2.2	2.1	2.2	2.3	2.3	2.3	2.4	3.0	3.1	3.3	3.2
秋季	2.1	2.2	2.1	2.2	2.3	2.3	2.3	2.2	2.3	2.6	3.1	3.3
冬季	2.2	2.2	2.1	2.3	2.3	2.2	2.3	2.2	2.2	2.2	2.5	2.8
小时风速	12	13	14	15	16	17	18	19	20	21	22	23
春季	3.7	3.9	4.1	4	3.9	3.8	3.4	3.0	2.4	2.4	2.3	2.3
夏季	3.3	3.2	3.4	3.3	3.5	3.2	3.1	2.7	2.5	2.3	2.1	2.2
秋季	3.5	3.5	3.6	3.3	3.2	3.0	2.4	2.3	2.2	2.2	2.2	2.2
冬季	3.1	3.3	3.3	3.3	3.1	2.9	2.6	2.4	2.2	2.2	2.2	2.2

平均风速的日变化统计结果显示：无论哪个季节平均风速均以夜间至凌晨较小(平均风速最小常出现在02时左右)，日出后随太阳高度角增加，风速明显增大，14~16时达到一天中的最大值，此后随太阳高度角的降低平均风速逐渐减小，到夜间至凌晨达到最小。

(4)地面风频的月变化。

矿区地区近30年(1985~2014年)地面分频的月变化见表6-20。矿区地区近30年(1985~2014年)各月风向频率玫瑰图见图6-3。

由图表可见：矿区地区一月份主导风向为S风，出现频率为13.3%，次主导风向为WNW风，出现频率为10.6%；二月份主导风向为S风，出现频率为13.8%，次主导风向为WNW风，出现频率为9.7%；三月份主导风向为S风，出现频率为15.1%；四月份主导风向为S风，出现频率为15.0%；五月份主导风向为S风，出现频率为15.3%；六月份主导风向为S风，出现频率为18.0；七月份主导风向为S风，出现频率为19.5%；八月份主导风向为S风，出现频率为19.5%；九月份主导风向为S风，出现频率为19.3%；十月份主导风向为S风，出现频率为18.8%；十一月份主导风向为S风，出现频率为18.2%；十二月份主导风向为S风，出现频率为13.9%。

矿区地区各月主导风向均为S风，出现频率在13.3%~19.5%之间；5~7月份次主导风向为SSW风，8~9月份次主导风向为SSE风，其他各月次主导风向为WNW风，出现频率10.0%左右。

表6-20 矿区地区近30年(1985~2014年)各月风向频率统计表

风向频率/%	N	NNE	NE	ENE	E	ESE	SE	SSE	S	SSW	SW	WSW	W	WNW	NW	NNW	C
1月	7.1	4.4	3.6	1.1	0.6	1.0	1.6	7.0	13.3	6.0	3.7	4.0	8.1	10.6	10	7.4	10.5
2月	6.9	4.8	3.8	1.8	1.0	1.5	2.9	8.1	13.8	5.6	3.0	4.0	7.5	9.7	8.8	6.5	10.5
3月	6.7	4.6	4.2	2.3	2.0	1.9	2.6	7.6	15.1	6.0	3.1	3.9	8.6	9.4	8.3	6.1	7.1
4月	6.6	4.3	4.5	3.1	1.6	1.9	2.4	6.4	15.0	6.7	4.5	4.7	8.9	9.5	9.0	6.3	6.2
5月	5.9	4.4	4.7	4.2	2.4	2.1	2.8	5.4	15.3	9.4	4.5	4.2	7.4	7.5	8.4	6.4	5.0
6月	5.7	5.2	4.7	4.3	3.2	3.1	4.5	7.1	18.0	10.5	4.8	4.3	4.6	5.5	5.8	2.5	5.5
7月	5.3	4.5	4.5	3.5	3.1	3.7	5.6	10.3	19.5	9.6	3.4	2.4	3.9	4.5	4.7	4.7	6.4
8月	4.8	5.1	5.4	4.1	3.5	3.8	5.7	12	19.5	8.7	2.6	3.4	3.6	4.1	4.1	1.4	7.3
9月	5.4	4.1	5.1	4.0	2.5	3.4	4.8	11.0	19.3	8.7	3.6	2.3	3.6	4.2	5.2	4.7	9.5
10月	4.8	2.8	3.3	1.7	1.3	1.8	3.9	8.6	18.8	6.9	4.0	5.0	7.1	9.4	7.7	4.5	9.6
11月	5.1	3.0	1.7	1.1	0.6	1.0	2.1	7.7	18.2	6.3	4.6	5.8	10.4	11.5	9.0	6.1	7.7
12月	6.2	3.4	2.1	1.0	0.3	0.8	2.3	7.2	13.9	6.6	4.8	4.2	10.6	12.5	9.7	6.0	8.4

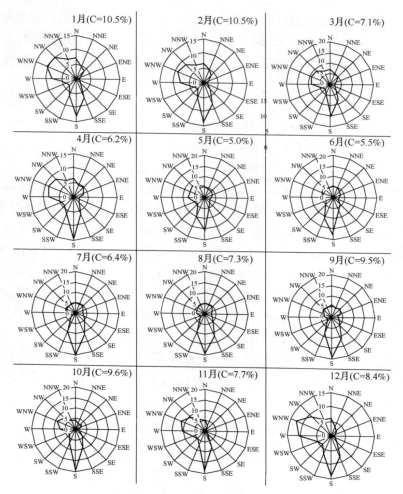

图 6-3　矿区地区近 30 年(1985~2014 年)各月风向频率玫瑰图

(5)地面风频的季变化。

矿区地区近 30 年(1985~2014 年)各季的风向频率统计见表 6-21,矿区地区近 30 年(1985~2014 年)各季及全年风向频率玫瑰图见图 6-4。

由图表可见,矿区地区春季主导风向为 S 风,出现频率为 15.1%,次主导风向为 WNW 风,出现频率为 8.8%,静风在春季的出现频率为 6.1%;矿区地区夏季主导风向为 S 风,出现频率为 19.0%,次主导风向为 SSE 风,出现频率为 9.8%,静风在夏季出现的频率为 6.4%;矿区地区秋季主导风向为 S 风,出现频率为 18.8%,次主导风向为 SSE 风,出现频率为 9.1%,静风在秋季出现的频率为 8.9;矿区地区冬季主导风向为 S 风,出现频率为 13.7%,次主导风向为 WNW 风,出现频率为 10.9%,静风在冬季出现的频率为 9.8%;矿区地区全年

176

主导风向为 S 风,其出现频率为 16.5%,SSE 风的出现频率也较高,为 8.2%,静风的年出现频率为 7.9%。

表 6-21　矿区地区近 30 年 (1985~2014 年) 各季风向频率统计表

风向风频/%	N	NNE	NE	ENE	E	ESE	SE	SSE	S	SSW	SW	WSW	W	WNW	NW	NNW	C
春季	6.4	4.4	4.5	3.2	2.0	2.0	2.6	6.5	15.1	7.4	3.9	4.3	8.3	8.8	8.6	6.3	6.1
夏季	5.2	4.9	4.9	3.9	3.3	3.5	5.3	9.8	19.0	9.5	3.6	2.5	4.0	4.5	5.0	4.8	6.4
秋季	5.1	3.3	3.4	2.3	1.5	2.1	3.6	9.1	18.8	7.3	3.9	3.8	7.0	8.4	7.3	5.1	8.9
冬季	6.8	4.2	3.2	1.3	0.7	1.1	2.3	7.4	13.7	6.1	3.5	4.3	8.8	10.9	9.5	6.7	9.8
全年	6.0	4.2	3.9	2.6	1.8	2.1	3.4	8.2	16.5	7.7	3.7	3.6	7.1	8.1	7.7	5.7	7.9

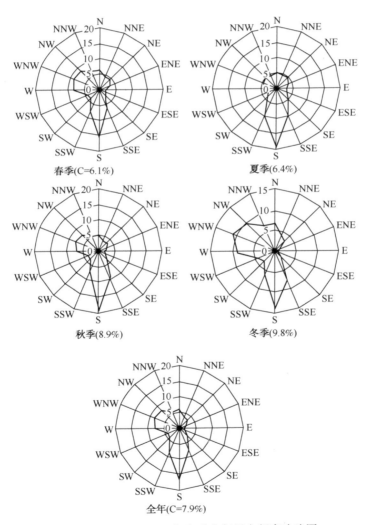

图 6-4　矿区地区近 30 年各季全年风向频率玫瑰图

6.2 大气传输扩散

6.2.1 废气污染物源强

项目大气污染物源强为燃煤锅炉烟气和破碎筛分车间粉尘。

表 6-22 工业场地大气污染源参数清单(采暖期)

点源	排气筒基底坐标			高度	内径	废气出口速率	废气出口温度	排放工况	评价因子源强			
									PM_{10}	SO_2	NO_x	TSP
	Xs	Ys	s	H	D	V	T	Cond	Q_{PM10}	Q_{SO_2}	Q_{NO_x}	Q_{TSP}
	m	m	m	m	m	m³/s	℃		g/s	g/s	g/s	g/s
锅炉房烟囱	0	0	0	50	2	34.19	90	正常	0.98	7.37	8.46	
筛分破碎车间排气筒	46.6	−234.3	0	15	0.3	2.8	10.5	正常				0.224
	53.3	−233.5	0	15	0.3	2.8	10.5	正常				0.224
	58.8	−233.0	0	15	0.3	2.8	10.5	正常				0.224
	70.5	−232.2	0	22	0.3	2.8	10.5	正常				0.224

6.2.2 预测模式及有关参数选取

采用 HJ2.2-2008 推荐模式清单中的 ADMS 模式进行预测,ADMS 模式系统版本为 ADMS-EIA3.0 版。地形按平原地形考虑,不对地形参数和气象参数进行预处理。

6.2.3 预测内容

结合该区域的污染气象特征,采用逐日逐时的方式进行大气环境影响预测,预测内容如下:

(1)分析典型小时气象条件下,主要污染物 PM_{10}、SO_2 和 NO_x 对环境空气敏感点和评价范围的最大环境影响。

(2)分析典型日气象条件下,主要污染物 PM_{10}、SO_2 和 NO_x 对环境空气敏感点和评价范围的最大环境影响。

(3)分析长期气象条件下,主要污染物 PM_{10}、SO_2 和 NO_x 对环境空气敏感点和评价范围的环境影响。

6.2.4 预测结果

（1）小时气象条件对环境的影响。

大气污染物在环境空气敏感点及区域小时平均最大浓度值见表6-23。环境空气敏感点及区域小时平均最大浓度值均未超过《环境空气质量标准》（GB 3095—2012）中二级标准，说明项目大气污染源对环境空气影响较小。且区域小时平均最大浓度值位置均远离敏感点，说明项目大气污染源对周边村庄的空气质量影响较小。

表6-23 环境空气敏感点及区域小时平均最大浓度值表

大气污染物	监测点位	贡献浓度	占标率
		mg/m³	%
SO_2	区域最大值	0.0814	16.28
NO_2	区域最大值	0.09341	46.71

（2）典型日气象条件对环境的影响。

大气污染物在环境空气敏感点及区域日平均最大浓度值见表6-24。环境空气敏感点及区域日平均最大浓度值均未超过《环境空气质量标准》（GB3095—2012）中二级标准，说明项目大气污染源对环境空气影响较小。区域日平均最大浓度值位置均远离敏感点，说明项目大气污染源对周边村庄的空气质量影响较小。

表6-24 环境空气敏感点及区域日平均最大浓度值表

大气污染物	监测点位	贡献浓度	占标率
		mg/m³	%
SO_2	区域最大值	0.01354	9.03
NO_2	区域最大值	0.01554	19.43
PM_{10}	区域最大值	0.0018	1.2
TSP	区域最大值	0.01971	6.57

（3）长期气象条件对环境的影响。

大气污染物在环境空气敏感点及区域年平均浓度值见表6-25，环境空气敏感点及区域年平均最大浓度值均未超过《环境空气质量标准》（GB 3095—2012）中二级标准，说明项目大气污染源对环境空气影响较小。区域年平均最大浓度值位置均远离敏感点，说明项目大气污染源对周边村庄的空气质量影响较小。

表 6-25　环境空气敏感点及区域年平均最大浓度值表

大气污染物	监测点位	贡献浓度	占标率
		mg/m³	%
SO₂	区域最大值	0.001724	2.87
NOₓ	区域最大值	0.001979	3.96
PM₁₀	区域最大值	0.0002292	0.33
TSP	区域最大值	0.002319	1.16

第 7 章　小　　结

　　从源头上控制废气污染环境问题，是加强煤矿开发过程中污染防治的关键。通过综合分析研究昊华红庆梁矿业的井工煤矿及配套选煤厂的工业场地燃煤锅炉烟气、筛分破碎车间除尘器尾气、工业场地和填沟造地工程区无组织排放扬粉尘、煤矿回风井风排瓦斯、煤矸石自燃等废气的产排情况，深入分析其在区域大气环境中的污染机理及扩散特性，提出了煤矿气体污染治理的适用技术，多项技术的应用形成了红庆梁煤矿的特定区域条件下废气污染综合治理的高效方案。

第七篇

矿井生态环境综合治理信息管理与决策支持系统构建

第 1 章　研究目的及方法

1.1　研究目的

我国煤炭工业是国民经济重要的基础产业，但与国际上发达国家相比，我国煤炭企业普遍存在两个方面的不足：一是煤矿总体装备技术水平，尤其是系统的整体有效性、信息化水平不高；二是煤矿生产事故多，造成国家财产和人民生命的严重损失。其根本原因是对矿井作业过程和环境状况缺乏一套系统、科学的动态监测、分析以及实时有效的信息化监管。《中华人民共和国安全生产法》中第三条明确规定：安全生产管理，坚持安全第一、预防为主的方针。而 2010 年国家安全监管总局 168 号令，明确要求在全国煤矿建立并完善安全避险"六大系统"保障煤矿安全生产，确定了煤矿信息化系统的重要性。现代科学技术的发展，尤其是物联网、地理信息、视频监控等科学技术的到来，为煤炭工业这一传统工业的改造指定了方向。

本课题以红庆梁煤矿为示范研究对象，建立开发一套对煤炭生产过程、作业环境、事故预测、安全控制、环境监测等关键环节进行一体化监管的信息化系统，提升企业生产装备的综合自动化水平，使其生产流程、安全性控制及环境评价程序化、集成化、网络化、智能化、大大提高生产、安全装备的综合自动化水平，提高安全监控系统的可用性，确保生产安全，提供生态环境影响评估决策支持，为煤炭资源开发的生态环境保护和管理决策提供技术支撑。

1.2　研究方法

考察并分析国内外煤矿信息化现状，实地考察红庆梁煤矿地下作业工作方式、工作环境，地上生产系统的实际工作需求及安防等实际工作需要和要实现的管理需求，进行红庆梁煤矿生态环境综合治理信息管理与决策支持系统的设计和开发建设。根据红庆梁煤矿的实际管理需求，进行红庆梁煤矿生态环境综合治理信息管理与决策支持系统的构建，达到如下的建设预期成果。

1.3　预期研究成果

结合红庆梁煤矿的实际管理、生产需求，进行生态环境综合治理信息管理与决策支持系统的构建，系统将是一个综合运用物联网、地理信息、GPS、视频监控、无线数据传输、计算机网络、数据库、通信、自动控制和数据中间件等技术建立起的智能化系统，实现煤矿与管理部门之间的信息共享和互连，通过系统能随时掌握矿区的生产状况，了解井下甲烷、一氧化碳、风速、温度、风门开关、设备开停等实时数据，实现选煤厂自动控制和监测系统。一旦出现异常不仅能及时报警、断电，让煤矿根据系统采集的数据情况采取针对性措施；同时还可以为各级管理部门提供一个对现场监督、指挥、控制、协调的数字化系统，有效地防止煤矿事故的发生。

第 2 章 　研究内容及思路

2.1 　研究内容

（1）机房及网络环境建设。
（2）矿区综合自动化平台。
（3）生态环境数字智能化平台

2.2 　工作思路

本着满足矿区安全，生产，经营，管理的基本需求，保证系统顺利验收为原则。系统是以万兆控制视频网、千兆安全网为传输通道，以综合数据中心为支撑，以综合自动化平台为中心，以实用软件配置为导向，实现生产现场的"无人或少人值守，有人巡视"，达到管、控、监一体化，建立具备安全、实用、环保、高效的自动化平台。矿井调度中心设于矿井工业场地办公楼。矿井地面工业场地、风井场地各弱电系统统建设地下栅格式塑料通信组合管道，井下统一布设强、弱电的电(光)缆挂钩，便于弱电系统线路的敷设、维护与管理。选煤厂建立一套工业自动控制系统，同时配备工业电视系统和对讲机通讯调度系统，实现选煤厂全部生产系统自动化控制调度。环境管理建立脱硫脱硝技术处理、废水监测和粉尘监测，达到环境管理的需求，维护矿区的整体生态环境。

第 3 章 机房及网络环境建设

3.1 机房建设

中心机房电池室设置在办公楼北楼调度会议室隔壁，中心机房位于电池室正上方。机房包括机房配电柜、设备机柜(上走线方式)、空调及 UPS 电源系统等。电池室由土建完成地面硬化。中心机房房间装修及防静电地砖(地板)由土建装修统一完成。

表 7-1 中心机房设置

子系统名称	设计简述
电气工程	机房配电：双路市电+UPS 电源。
	照明：随土建统一完成
	等电位体：机房建设等电位体。
	接地：机房电位体与建筑做联合接地。
UPS 系统	见设备清单。

3.2 网络建设原则

建设遵循数字化、高速化、智能化、标准化、安全可靠、易扩充升级的原则进行设计，同时充分考虑集团和公司的总体规划、建设现状及未来发展的要求。

网络根据业务应用不同，分别设置数据视频环网、安全环网，在井上和井下分别设置的独立的冗余环，其中数据视频环网主干链路采用万兆带宽，安全环网主干链路采用千兆带宽。

各环网主干结点主要为附近的自动化设备提供网络接入，以达到控制和监测信息高速采集和共享的目的。

由于每类型的环网承载着多个业务，为了保证整个信息化系统的可靠性，环网设备除具有高可靠性外，确保任何一项业务不会由于其他业务或其他子系统的故障而影响本系统业务的传输。

"数据视频环网"承载自动化控制系统、语音通讯接入以及视频传输业务，为万兆带宽，环网接入设备提供 RJ45、RS485 等煤矿控制系统常用的通信接口，满足各个控制系统、IP 语音通讯业务和视频的接入需求。

"安全环网"承载安全监测系统的接入及传输业务，为千兆带宽，专网专用。

环网光纤系统采用单模光纤为网络系统的通讯载体，敷设井上及井下光纤。

根据红庆梁矿井业务承载模型，并借鉴现有煤炭行业信息化建设成功应用案例，采用业界先进的技术手段及成熟煤矿网络设计理念建设红庆梁矿业有限公司管理网，量身打造矿区端信息化承载网络。

3.3 网络建设成果

（1）数据视频万兆环网。

设置 2 套同配置的万兆级核心交换机安装于办公楼三层的数据中心机房。

在地面及井下重要的工业生产场所和数据量大的工业生产场所布置数据视频工业环网骨干交换机，形成地面工业骨干环网。在相对数据量较小、系统较少的工业生产场所布置分支环网交换机。

（2）安全千兆环网。

核心交换机：两套同配置的安全专用环网千兆级核心交换机安装于办公楼三层的数据中心机房。

地面安全网节点：在主通风机房布置安全专用千兆工业环网交换机 1 台，作为分支直接接入安全专用环网核心交换机。

井下安全网节点：在井底车场变电所、中央变电所、3-1 煤一盘区变电所等 3 个节点分别布置安全专用工业环网交换机各 1 台，形成井下安全专用千兆工业环网。

（3）企业管理网络。

建设一张覆盖矿井主要区域的办公网（管理网）。管理网与工业网物理隔离，同时能够实现工业网向管理网单向推送数据，管理网与工业网进行逻辑隔离；采用隔离设备实现两个网的隔离，防止管理网以及因特网对控制网的病毒传播以及网络攻击。

本网络的覆盖区域包括联合建筑、办公楼、食堂、宿舍楼、救护队消防站、器材库、选煤厂综合办公楼、风井场地综合办公楼等。

除办公业务之外，网络中还有其他多种业务，如控制网数据、视频监控流量、网络管理流量等。

实现矿井工业环网与管理网络万兆对接。

第4章　矿区综合自动化平台

4.1　建设内容

通过矿井综合自动化软硬件平台，调度员可在调度中心终端上监控整个矿井生产过程，完成对全矿生产及相关环节的监测；职能部门建立分控中心：机电区分控中心、通风区分控中心、运转区分控中心及综采分控中心，实现矿井的自动化集中控制。

4.2　总体设计

采用组态软件、数据库等数据集成平台整合全矿井安全生产监测监控类相关系统数据接入，经工业历史数据库整合后，数据可直接在操作员站、可视化应用门户中进行实时显示与报警，以实现对全矿安全生产工况的实时监控与掌握；同时还可将安全生产相关数据存储在关系型数据库中，建设全矿统一的安全生产综合数据库，以实现对全矿安全生产历史状况的查询与分析；同时为矿井信息化提供基础数据平台和访问接口。

数据采集。具备多种接入方式，针对采用 PLC 的控制系统优先考虑采用 PLC 以太网驱动的方式进行接入，如果无法从 PLC 接入则考虑通过上位机 OPC Server 进行接入，但是考虑到 OPC DCOM 配置的复杂和不稳定性，设计的数据采集支持 OPC 网桥技术，支持不需要 DCOM 配置实现 OPC 网络接入。对于煤矿特有系统，如人员定位、安全监测等则采用 FTP 的方式进行数据接入。对于流媒体视频采用 Active 控件的方式进行接入。

数据交互。对外数据交互可提供 OPC Server、WebService 或服务总线的方式实现与其他软件平台的数据交互。

数据存储。采用关系型数据库，对于分析处理的过程数据存于关系型数据库。

协同控制。采用 C/S 架构，定制化的人机界面组态，在服务器端进行各分控中心协同控制策略的部署。平台架构图见图 7-1。

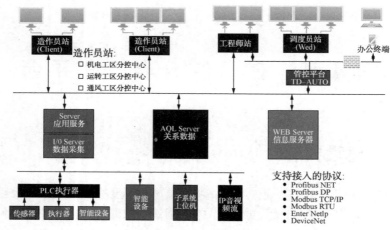

图 7-1　平台架构图

4.3　管控平台软件选型及基本功能特征

选用天地公司自主研发的煤矿综合自动化软件 TD-Auto。采用 B/C/S 混合架构方式，通过 OPC、数据库等方式与 SCADA 数据采集及控制软件无缝连接，来满足对所有子系统进行数据信息综合及多客户端的实时信息浏览和查询。具备如下基本功能特征。

（1）信息的综合功能。

将接入的各子系统信息通过标准的数据交换方式与综合控制中心进行数据存取，并将各子系统的信息进行综合处理。将实时、历史及综合分析后的信息提供给系统中的用户。网络功能完全满足矿井的需求，具有良好的可靠性、兼容性、扩容性，支持 B/C/S 混合模式。

（2）WEB 浏览功能。

可将各子系统显示的各类实时动态图形(符合要求的)转换为 HTML 或 XML，供用户通过 IE 浏览。同时在综合监控调度中心组态综合实时动态图形供用户浏览。

（3）APP 实时数据查询功能。

提供安卓手机 APP，可联网实时查询所有接入子系统的实时数据信息。

（4）数据系统分级管理。

设定不同权限，实现安全监测信息、设备运行信息及其他信息的分类显示。系统具有可靠的权限管理机制，保障整个平台网络系统的可靠运行，以不同用户登陆可以查看不同子系统。

（5）报表功能。

具有报表功能，可以按测点·时间/段·矿·班次·报警·异常等各种方式查询各种表格数据，提供显示及打印功能。要能够按照企业管理的要求定制或由用户自行定义开发报表。

（6）实时报警、故障记录。

为用户提供各类监测系统的实时报警信息包括超限报警、开关报警、系统运行设备的故障记录。

报警内容在接入的子系统中根据要求，在不同的部门进行浏览时弹出的报警对象是所浏览部门的报警内容。对于负责全矿的矿长、总工及其他管理者则是弹出所有系统的报警。在调度室集中报警，并弹出报警内容。报警颜色根据新的煤矿安全规程，颜色一致。

（7）完整的事件记录。

对所有涉及系统配置操作，对子系统实施控制的操作及一些重要的操作，系统都进行完整的记录，包括：操作时间、操作者、操作码及描述、节点名等。

（8）扩展功能。

采用统一标准的数据接口采集各监测系统的数据，保证采集数据的准确性。接口数据具有实时性与可扩展性，可满足实时数据的要求。当监测数据有增、减等变动时，自动反映到系统中。同时，可将各监测系统的数据进行专业化处理后，作为上一级管理网的信息源。

（9）系统安全性。

系统健壮、抗干扰能力强、容错性好，具有优良的安全验证体系，支持系统的安全性恢复，支持数据备份，保证系统安全可靠。网页的访问必须通过口令，没有授权的用户不能查看网页。通过对网络加设路由器及防火墙，具有网络冗余、备份数据机制，最大可能的实现网络及数据的安全性。

（10）故障报警分析统计。

系统自动统计出昨日、当日、当前的报警故障个数，并可点击查看相应详细信息，可以按子系统、类别、等级、日期段等条件查询和统计历史报警或故障信息。

（11）综合查询。

采用单点登录技术，实现与 OA 系统相同认证系统，使用户可根据身份信息查询相关系统中设备的运行情况，如开时间、次数等，可查看累计量信息及统计图表，还可查看个系统的网络故障信息可方便用户管理。

（12）系统总图。

系统图中可以快捷查看指定设备的开停统计、故障统计，设备固有参数等信息的查询。

(13) 历史曲线。

系统选择日期查看某测点历史数据的曲线，在曲线的值坐标上可以自定义刻度。历史时间通常存储在壹年以上。

(14) 故障报警分析。

当系统出现故障和报警的时候会自动弹出窗口或弹出报警条，根据用户自定义的等级严重性排序，并提供声光报警。依据其影响程度进行分类、分级。类别包括：影响安全、影响生产、普通报警或故障；等级包括：一级、二级、三级。

(15) 矿井综合信息管理功能。

利用现有网络了解各采区的安全生产情况，建立一套短信报警系统，自动将煤矿的生产运行状况、安全水平、预测预报监测报警信息发送到相关人员手机上，便于领导及时了解安全生产情况，制定相关决策，保证安全生产。

通过安装在智能手机 APP 能实现对综采工作面、主要生产系统、电力监控系统实时监测。

第 5 章　生态环境数字智能化管控平台

5.1　选煤厂集控系统

选煤厂集控系统是由集中控制、自动化控制技术、视频监控技术等综合运用的成果。选煤厂集控系统包括集中控制、自动化控制、监测检测、工业电视监控四部分内容(图 7-2)。

图 7-2　选煤厂集控系统

(1)控制范围及控制系统。

控制范围包括全部生产用电设备。按工艺流程的特点,生产系统分为以下几个控制系统。

原煤储存系统:井口至原煤仓带式输送机开始至原煤仓上用电设备止;水洗系统:包括重介浅槽分选系统、煤泥水系统、浓缩压滤系统,原煤仓下设备开始至各产品仓上用电设备止;汽车装仓系统:产品仓下、洗混中块煤仓下、汽车装车仓上及相关转载点栈桥各生产设备。

(2)控制目标。

集控时,用电设备按逆煤流方向起车,顺煤流方向停车。各设备按工艺流程要求实现电气闭锁。

控制室可实现紧急停车,现场在任何控制方式下均能实现就地停车。现场起车按钮在集中控制方式时失效。

集中和就地两种控制方式可以相互转换,在转换过程中不影响设备的运行状态。参与集控的设备,在控制室工业计算机内均可单起单停,以便调度人员根据生产需要调整设备运行状态。

(3)控制系统。

控制主机设在集控室,控制网络采用环网连接。根据地面生产系统各车间配电室的相对位置及 AB PLC 的特点,Ethernet、Controlnet 和 Devicenet 网络,采用主站、分站、远程站组态形式。主站设在控制室内,远程站设在各低压配电室内,上位机与主站之间、与设备自配系统(快速装车系统、压滤机自动化等)之间采用 Ethernet 网、主站与各远程站之间通过 Controlnet 网相连,变频器等现场设备采用 DeviceNet 通讯,10kV 高压配电室内的综合自动化系统与主站采用 Ethernet 网络进行通讯连接,并实时进行数据交换。

5.2　数字矿山子系统

数字化矿山子系统包括安全监测监控系统、顶板与矿压监测系统、工业电视监控系统、井下人员定位管理系统、井下应急广播系统、调度通信系统、无线通信系统、束管监测系统、煤矿电力监控系统、主煤流监控(4 个系统)、主通风设备控制系统、井下水泵自动化系统、空压机自动化系统、锅炉房控制系统共计14 个系统。选煤厂集控系统单独建设,也集成到自动化办公平台中。

5.2.1　系统集成

控制网络层与设备执行层间的集成主要是实现网络内系统之间的信息交换与信息共享。各子系统 PLC 或上位机通过工业网络与综合自动化平台服务器进行互联,平台软件与各子系统应用软件之间数据通过统一的软件接口实现数据的对接。接入方式见表 7-2。

表 7-2　自动化平台服务器

序号	系统名称	分项系统	平台采集子系统数据方式	实现功能
1	安全监测监控系统		上位机	远程监测
2	顶板与矿压监测系统		上位机	远程监测
3	煤矿电力监控系统		上机调用视频	远程监测
4	井下人员定位管理系统		上位机	远程监测

续表

序号	系统名称	分项系统	平台采集子系统数据方式	实现功能
5	井下应急广播系统			
6	调度通信系统			
7	无线通信系统			
8	束管监测系统		上位机	远程监测
9	工业电视监控系统		上位机	远程监测、控制
10	主煤流监控（4个系统）	3-1 煤顺槽带式输送机电控	现场控制器（PLC）	远程监测、控制
11		3-1 煤南翼大巷带式输送机电控		
12		主斜井带式输送机电控		
13		原煤仓配仓刮板机电控		
14	主通风设备控制系统		现场控制器（PLC）	远程监测、控制
15	井下水泵控制系统		现场控制器（PLC）	远程监测、控制
16	压风机自动化系统		现场控制器（PLC）	远程监测、控制
17	锅炉房控制系统		现场控制器（PLC）	远程监测、控制
18	井下水处理站、生活污水处理站及消防泵房监控系统	井下水处理站监控	现场控制器（PLC）	远程监测、控制
		生活污水处理站监控	现场控制器（PLC）	远程监测、控制
		消防泵房监控	现场控制器（PLC）	远程监测、控制

5.2.2 系统功能

5.2.2.1 安全监测监控系统

（1）数据采集。

① 甲烷浓度、风速、风压、一氧化碳浓度、温度等模拟量采集、显示及报警功能。

② 馈电状态、通风机开停、风筒状态、风门开关、烟雾等开关量采集、显示及报警功能。

（2）控制。

① 系统由现场设备完成甲烷浓度超限声光报警和断电/复电控制功能。

② 系统由现场设备完成甲烷风电闭锁功能：

（Ⅰ）掘进工作面甲烷浓度达到或超过1.0%时，声光报警；掘进工作面甲烷浓度达到或超过1.5%时，切断掘进巷道内全部非本质安全型电气设备的电源并闭锁；当掘进工作面甲烷浓度低于1.0%时，自动解锁；

（Ⅱ）掘进工作面回风流中的甲烷浓度达到或超过1.0%时，声光报警、切断掘进巷道内全部非本质安全型电气设备的电源并闭锁；当掘进工作面回风流中的甲烷浓度低于1.0%时，自动解锁；

（Ⅲ）被串掘进工作面入风流中甲烷浓度达到或超过0.5%时，声光报警、切断被串掘进巷道内全部非本质安全型电气设备的电源并闭锁；当被串掘进工作面入风流中甲烷浓度低于0.5%时，自动解锁；

（Ⅳ）局部通风机停止运转或风筒风量低于规定值时，声光报警、切断供风区域的全部非本质安全型电气设备的电源并闭锁；当局部通风机或风筒恢复正常工作时，自动解锁；

（Ⅴ）局部通风机停止运转，掘进工作面或回风流中甲烷浓度大于3.0%，对局部通风机进行闭锁使之不能起动，只有通过密码操作软件或使用专用工具方可人工解锁；当掘进工作面或回风流中甲烷浓度低于1.5%时，自动解锁；

（Ⅵ）与闭锁控制有关的设备（含分站、甲烷传感器、设备开停传感器、电源、断电控制器、电缆、接线盒等）故障或断电时，声光报警、切断该设备所监控区域的全部非本质安全型电气设备的电源并闭锁；与闭锁控制有关的设备接通电源1min内，继续闭锁该设备所监控区域的全部非本质安全型电气设备的电源；当与闭锁控制有关的设备工作正常并稳定运行后，自动解锁。严禁对局部通风机进行故障闭锁控制。

③ 安全监控系统具有地面中心站手动遥控断电/复电功能，并具有操作权限管理和操作记录功能。

④ 安全监控系统具有异地断电/复电功能。

（3）调节。

系统具有自动、手动、就地、远程和异地调节功能。

（4）存储和查询。

（5）显示。

① 系统具有列表显示功能：

（Ⅰ）模拟量及相关显示内容包括：地点、名称、单位、报警门限、断电门限、复电门限、监测值、最大值、最小值、平均值、断电/复电命令、馈电状态、超限报警、馈电异常报替及传感器工作状态等；

（Ⅱ）开关量显示内容包括：地点、名称、开/停时刻、状态、工作时间、开停次数、传感器工作状态、报警及解除报警状态及时刻等；

（Ⅲ）累计量显示内容包括：地点、名称、单位、累计量值等。

② 系统能在同一时间坐标上，同时显示模拟量曲线和开关状态图等。

③ 系统具有模拟量实时曲线和历史曲线显示功能。在同一坐标上用不同颜色显示最大值、平均值、最小值等曲线。

④ 系统具有开关量状态图及柱状图显示功能。

⑤ 系统具有模拟动画显示功能。

显示内容包括：通风系统模拟图、相应设备开停状态、相应模拟量数值等。具有漫游、总图加局部放大、分页显示等方式。

系统具有系统设备布置图显示功能。

显示内容包括：传感器、分站、电源箱、断电控制器、传输接口和电缆等设备的设备名称、相对位置和运行状态等。若系统庞大，一屏容纳不下，可漫游、分页或总图加局部放大。

（6）打印。

系统具有报表、曲线、柱状图、状态图、模拟图、初始化参数等召唤打印功能(定时打印功能可选)。

（7）人机对话。

系统具有人机对话功能，以便于系统生成、参数修改、功能调用、控制命令输入等。

（8）自诊断。

系统具有自诊断功能。当系统中传感器、分站、传输接口、电源、断电控制器、传输电缆等设备发生故障时，报警并记录故障时间和故障设备，以供查询及打印。

（9）双机切换。

系统具有双机切换功能。系统主机具备双机热备份，并具有手动切换功能及自动切换功能。当工作主机发生故障时，备份主机可手动及自动投入工作。

（10）备用电源。

系统具有备用电源。当电网停电后，保证对甲烷、风速、风压、一氧化碳、烟雾、主要通风机、局部通风机开停、风筒状态等主要监控量继续监控。

（11）数据备份。

系统具有数据备份功能。

5.2.2.2　顶板与矿压监测系统

（1）系统容量能满足本矿井初期 3-1 煤采区 1 个工作面(含一个备采面)的生产规模及以后扩容的需求。

（2）系统包括液压支架压力监测子系统、顶板离层监测子系统、煤体应力监测子系统,对采煤工作面的液压支架工作阻力、顶板下沉量、煤体应力及掘进工作面的顶板下沉量进行实时监测,并分析工作面来压规律,预测、预报顶板来压,提高煤矿顶板管理的总体水平。并能对监测数据进行存储、分析,显示各类监测数据、曲线、实时动态的模拟图形,能够制作、打印各种灵活多变的报表,实现各种参数超限报警。

(3)本系统开放数据库,在保证系统安全的前提下,采用 OPC 标准软件接口或 FTP 文件传送协议接口等方式,将矿山压力监测信息实时传输至矿井综合监控及自动化系统平台。

5.2.2.3 束管监测系统

(1)系统利用在线式红外分析仪对 CO、CO_2、CH_4、O_2 进行 24h 在线式连续监测。同时配备的气相色谱分析仪在发现有异常样本时,再对其详细分析 C_2H_6、C_2H_4、C_2H_2、C_3H_8、H_2、N_2 等气体的浓度,从而更精确地掌握井下气体的状况。

(2)系统能快速自动循环分析,最快 2min 分析一路气体。

(3)红外分析仪、气相色谱分析仪具有故障提示、显示、保护功能,防止设备损坏。

(4)系统监测主机配置数据采集处理装置,采用将气相色谱分析仪分析结果输出的模拟信号经 32 位模/数转换板转换为数字信号,并配置 24 路输出控制板,实现对各路束管管路的气体采样控制功能

(5)系统具有束管抽气流量显示功能,直观地反映每路束管气体流量,并可方便调节控制。

(6)系统的自动运行,包括分析仪的自动校准,用户可以自行设定校准周期、管路堵塞监测、管路清洗时间、自动循环或单路监测。

(7)系统具有自然火灾预报功能。通过测定自然发火标志气体、烯烷比和链烷比等计算,及时准确的预测火源温度变化情况,预报自然火灾发生的危险性。

(8)系统具备如下数据分析功能。爆炸三角形图、爆炸危险趋势四方图、特里克特比率 Tr、Graham's Ration 指数(ICO 指数)等。根据分析结果进行瓦斯爆炸、自然火灾危险程度的判别。

(9)系统具有气体含量超限自动声光报警功能,并且每路束管的每种气体都有各自独立的可设定的 4 个报警临界点。

(10)系统具有数据存储功能,存储容量满足 32 路每种气体实时监测数据及每小时平均值、最大值、最小值等数据的存储时间不小于 1 年,以便对历史数据进行分析比较。

(11)系统具有下列显示功能:

① 系统具有各路束管的编号、监测时间、监测地点、监测气体、测定值、

临界值等信息显示。

② 系统具有图形显示。各通道气体全分析谱图、红外分析仪分析谱图、气相色谱分析仪双氢焰检测器分析谱图和 CO、CO_2 分析谱图等；爆炸三角形等爆炸危险程度判别示意图；按时间间隔表明安全性的柱状图，将日趋势曲线、月趋势曲线以最大值或最小值表示；在巷道布置示意图上显示报警信息及报警期间最大值和平均值等。图形具有单点、多点曲线校正及数据自动关联显示功能。

（12）系统具有联网功能，支持 web 发布功能，并具备数据上传功能。

5.2.2.4　电力监控系统

（1）数据采集和处理。

① 数据采集。

模拟量。有功功率和无功功率、电流、电压、零序电压、零序电流、监视电阻等；

状态量。开关位置、刀闸位置、合闸次数、有载调压变压器抽头位置、无功补偿状态、开关储能信号、保护动作信号及各种告警信息。

电度量。采集电能表的电度测量值，并具备峰、平、谷电量统计计算功能。

② 数据处理。

数据处理的主要数据类型有。

数字量(包括状态量)。如开关的开与合，保护装置的动作、复归，指示灯的亮与灭。

模拟量：如有功功率、无功功率、功率总加、电流、母线电压、变压器温度及系统频率等。

（2）系统具有"三遥"功能。

（3）系统具有多种告警功能。具有自动开关变位告警、保护动作告警、电压电流越限告警、设备通信异常等告警功能，并有动画图像、文字窗口、声音告警提示。对不同类别的信息可以设定不同的告警方式，具有闪光、变色、语音、打印、调取视频画面、事故推画面等方式，供用户选择。并记录报警故障内容、时间、地点、数值等关键信息，供用户对设备运行状态及事故原因进行分析。

（4）系统具有故障自动定位告警功能，能够根据动作情况自动判断故障区域，判断故障停电影响范围，并根据需要给出故障恢复供电预案。

（5）具备提供恢复送电预案设计功能，实现一键式快速恢复送电。

（6）故障诊断功能。

当井下电网发生故障时，系统根据各分闸系统采集的开关跳闸变位信息、保护动作信息、录波数据等故障信息进行综合判断，确定故障位置，给出故障区域。

（7）故障报告功能。

根据故障诊断和故障录波的结果，生成电网故障分析报告，包括故障时间、故障范围、故障性质、相关装置动作情况等。此上故障信息均会在界面中央弹出报警提示框以及进行真人语音朗读故障信息。一个故障发生后，自动推图->开关闪光->事件报警框弹出打出故障文字信息->语音播报故障信息->录波窗口闪烁提示->点击显示录波曲线->录波分析。

（8）保护动作行为分析。

根据电网故障分析结果，自动判断相关装置的动作行为是否正确，并给出相关装置的动作行为分析报告。若装置的动作行为不正确，能够分析装置不正确动作的原因。

（9）系统具有故障录波功能，能够根据动作情况自动进行故障录波，并根据录波文件判断故障类型，用于判定故障及指导定值整定；

（10）系统能够实时显示各种监测数据、图形、曲线和表格等功能，能够对开关分、合闸状态，开关运行中分、合闸操作、过流、断路、过压、欠压、漏电等保护跳闸的事件进行纪录，并通过组态软件对这些数据进行统计、归类、存储、处理，形成电力系统运行的动画模拟图。

（11）系统具有查询功能，可分时段对监控设备进行故障记录查询，用表格形式列出需查询时间段的所有报警记录，包括报警设备、报警参数、报警时间、报警类型、报警内容等；可对各个监控开关的历史数据按时段进行查询，用曲线表示，如电压曲线、电流曲线、负荷曲线等。可对各个监控开关操作记录进行查询等。

（12）系统具有设备管理功能，可在矿井巷道图中标注相应位置的电力设备，用于设备的统计和查询。

（13）系统具有电计量考核管理功能，实现对各用电负荷的用电显示、记录、统计和报表打印。使管理者实时掌握全矿电能消耗及重要设备电能消耗。

（14）系统操作具有分级权限管理功能，系统安全管理根据不同的用户需要，授予不同级别的操作权限。具有操作对象状态检验、显示和操作结果显示，具有操作过程数据和状态反馈、图形显示和过程记录。可设置操作限制条件，对违章操作自动报警；系统具有多级密码验证，每个操作步骤系统自动记录，生成运行日志，安全可靠。

（15）系统根据用户不同需要可能开关设备等进行挂牌操作，对挂牌的设备，有相应显示，而且不能对其进行相关操作。

（16）具有全系统对时的功能，包括系统对监控站、监控站对微机保护装置之间的对时校准。

（17）实时记录用户修改、设置、整定、远控等操作记录，开关定值参数可导出生成标准格式的文件。

（18）当变电所内开关发生动作或者发生异常时，可与工业电视视频信号实现联动，自动切换到该变电所，提示地面调度人员，并可通过广播系统发出语音警告。

5.2.2.5 井下人员精确定位管理系统

（1）丰富的考勤功能。系统可以显示每个下井人员的下井时间和升井时间，并根据工种的时间规定判断不同工种的人员是否足班从而确定该次下井是否有效。

（2）精确定位功能。系统可以查询当前人员的数量及具体位置。

（3）追踪人员轨迹功能。系统可以查询指定人员在某个时间段内的活动情况，并在图形上模拟出该工作人员实际的行走轨迹。

（4）禁区报警系统。系统可以把特定区域指定为禁区，如果有人进入，能够实时报警，以语音提示、弹出窗口、图形闪烁等多种方式展现。

（5）双向报警功能。发生紧急情况时，入井人员可以通过配带的标识卡上的报警按钮主动发出求救信号，系统可以及时、准确地发现紧急情况。同时，调度人员能够对相关区域或者整个矿井发出广播报警信号，将信息快速地传达到现场，有效地保证指挥的统一性和行动的一致性

（6）唯一性。在入井验身处安装检卡设备，可以检测识别卡是否正常工作，可以检测一人是否携带多个识别卡，确保员工的利益。

5.2.2.6 井下应急广播系统

系统具有控制中心调度员选择对单台、分区或全部 IP 广播终端用户进行对讲、广播、监听的功能。

系统具有 IP 广播终端和控制中心调度员对讲的功能：用户能通过 IP 广播终端选择和其他 IP 广播终端用户对讲、分区广播或全体广播。

系统具有紧急广播功能：调度员可在任何状态下对单台、分区或全部 IP 广播终端用户进行紧急广播。

红庆梁煤矿井下广播终端布设位置

（1）中央变电所、中央水泵房，实现常规的 IP 语音对讲、广播功能。

（2）11306 回风大巷掘进头、11301 回风大巷掘进头、11301 胶运大巷掘进头、11301 辅运大巷掘进头、3-1 辅运大巷掘进头、3-1 胶运大巷掘进头、3-1 回风大巷掘进头、2-2 中辅助运输斜巷掘进头，与工业电视系统智能视频识别配合实现皮带机尾堆煤智能视频检测预警、掘进超循环智能视频识别预警、人员空顶作业智能视频识别预警等功能。

5.2.2.7 调度通信系统

(1)本矿调度电话交换机采用基于软交换技术的交换机设备,并能够通过与矿井无线通信系统的联网,实现对矿井有线、无线电话的统一调度功能。

(2)调度交换机设置在工业场地办公楼通信机房内。风井场地和爆炸材料库设置远端 IAD 语音网关设备,并通过场地间架空光缆与工业场地调度交换机连接。

(3)矿调度交换机可与井下广播系统联网。

(4)电话录音:电话录音采用专业的语音处理软件,可实现系统全部调度用户的在线录音或部分重要用户的录音,另外可对通话用户实现可选录音。通过调度台或者网管进行录音查询、播放。

(5)调度前台操作功能。包括直呼、会议、强插、监听、强接、强拆、加入会议、转接及录音。

(6)调度前台其他功能

① 分机显示。在调度台上,每个调度分机的显示方式可以是该分机的号码或单位名称。

② 状态监视。调度员可以通过调度台监视每个调度分机的当前状态,如:空闲、摘机、振铃、通话、保持、会议听说权限、会议单听权限、会议申请发言等。各种状态以不同的图标实时显示在调度台上。

(7)传输方式。

除了支持大对电话线下井之外,还能够以环网为传输通道,可省去昂贵的多芯主干电缆,节省费用。并且借助于环网可使通信距离延伸到电缆传输达不到的地方,覆盖范围更广、距离更大。

(8)数字电话录音方式。

电话录音需采用专业的语音处理软件,可实现系统全部调度用户的在线录音或部分重要用户的录音,另外可对通话用户实现可选录音。

5.2.2.8 无线通信系统

(1)具有无线、有线、IP 融合调度通信功能与中继汇接功能,支持矿调度无线通信网与矿调度有线通信网、矿行政有线通信网、上级集团公司通信网及公用通信网的互通。

(2)具有无线、有线、IP 调度电话用户统一调度的功能。

(3)具有移动电话之间、移动电话与固定电话之间相互呼叫通话的功能。

(4)能对不同用户设置优先权,并能对申请信道的用户按优先权的不同和申请的先后顺序排队。

5.2.2.9 工业电视系统

工业电视系统主要是对红庆梁煤矿地面和井下区域内重要的出入口和生产岗

位、监测机房进行视频监控。监控中心设在矿调度室，便于管理及与其它监控系统进行集中监控。该系统具有强大的管理功能，可以同时管理多个前端系统和在线用户。通过视频监控客户端软件，。不同的监控用户可根据自己的监控需求灵活切换到任意一个监控现场，可多人同时观看一个现场，也可以不同用户选择任意现场监控。

视频监控是对红庆梁煤矿地面和井下主要作业场所和安全岗位进行实时监测，其中地面视频监控位置包括：1号单身职工公寓、2号单身职工公寓、培训中心、110kV 变电所、训练场地、职工食堂、汽车出入口、人流出入口、通往风井场地、锅炉房、井下水处理站、井下消防洒水水池、胶轮车保养间及胶轮车库、汽车库、露天材料堆放场地、消防材料库、器材库、副立井等。井下视频监控位置包括：中央变电所、中央水泵房、总辅运大巷 2 联巷、总进风大巷 2 联巷、总辅运大巷 5 联巷、总进风大巷 6 联巷、总进风大巷 1700m 处、主斜井800m 处、三角石门处、3-1 辅运大巷辅胶二联巷处、3-1 盘区配电所、副井井底配电室等。

5. 2. 2. 10　井上、下主煤流系统集中控制

（1）实现井下 3-1 顺槽皮带、3-1 南翼大巷皮带、井下煤仓给煤机、主斜井运输皮带、原煤上仓 101 皮带及原煤仓上配仓刮板输送机等主煤流系统相关环节所有设备的集中控制。

（2）系统中各设备的综合保护自动投入，实现故障报警闭锁停车。

（3）在变频器的配合下，本系统实现带式输送机启停优化控制和功率平衡控制。

5. 2. 2. 11　主通风系统监控

系统具有连锁自动控制系统，调度中心可远程操作通风机启停，到达主通风机无人值守。可以利用网络及传感器实现监测风机机组在运行过程中的轴承温度、风速、全压、静压、动压、负压、绝对压力、风机通风流量、振动参数、电机电量及有关性能参数的提取。根据其动态变化，能分析出通风机的性能劣化趋势，通过故障诊断系统，查出安全隐患，避免安全事故的发生。根据井下瓦斯、风速、负压等传感器反馈量，利用调度中心模拟整个井下通风系统实际运行情况及仿真计算出最佳风量，并可以实时通过变频系统动态调整风量目的。

5. 2. 2. 12　井下水泵自动化系统

系统具有水泵自动化控制系统，可以实现通过对水仓水位信号及各排水管路电动阀、电磁阀和水泵配电柜相关开关参数的采集，输入至调度中心进行状态分析，故障判断，并实现水泵开、停及电动阀、电磁阀的自动化控制。自动采集连续监测水仓水位，计算单位时间内不同水位段水位的上升速率，从而判断矿井的

涌水量；分析矿井涌水情况和用电情况，建立排水系统的离散数学模型，根据最优性原理，对排水系统进行分段决策控制。具有水位实时在线检测、显示水泵自动启动与停止、多台水泵实行"轮班工作制"，提高水泵使用寿命根据涌水量大小和用电"避峰就谷"原则，控制水泵的启停和运行台数。实现泵房无人值守。

5.2.2.13 空压机自动化系统

系统可根据井下实际用风量，控制电机的启停和运行台数，监测电机运行状态，实现空压机无人值守。

5.2.2.14 锅炉房控制系统

系统可按工艺流程实现由 PLC 控制的自动化过程，保障锅炉及辅机安全、可靠、高效运行和启停。使锅炉及辅机处于最佳运行工况。

控制系统包括手动和自动操作部分，手动控制时由操作人员手动控制鼓引风及炉排的启停，自动控制时可通过微机发出控制信号经执行部分进行自动操作，实现对设备启停及变频频率控制等。能完成对补水、给煤、鼓风、引风等进行自动控制，保持在规定的数值上，以保证锅炉的安全运行，平稳操作，达到降低煤耗、提高供送热水质量的目的，同时对运行参数如压力、温度等有流程动态图画面并配有测点实时值显示，还可对供回水温度、压力、炉温等进行越限报警，发出声光信号，具有实时趋势显示、历史趋势显示、实时报警值和历史报警值，还可定时打印出十几种运行参数的数据。

5.3 水资源综合利用管控平台

井下排水处理站配置水处理自动控制系统，对井下排水的混凝、沉淀、过滤、消毒等工艺过程进行集中监控，监测各水池液位、仪表显示及泵、阀门等设备的运行状态，实现各类泵、电动阀门的自动控制，并具有故障报警、故障停车等功能。调度中心可根据生产管理需要，通过网络远程控制井下排水处理站设备，达到无人值守。

生活污水处理系统配置污水处理自动控制系统，对矿井污水处理的工艺过程进行集中监控，监测循环齿耙清污机、电动启闭机、提升泵、污水处理装置、回用水泵等设备的运行状况，监测水池液位、仪表显示及阀门状态，实现各设备和电动阀门的自动控制，并具有故障报警功能。调度中心可根据生产管理需要，通过网络远程控制井下排水处理站设备，达到无人值守。

消防水泵房配置消防水泵自动控制系统。监测水泵、阀门的运行状态，检测水泵出口压力、液位等模拟信号，定期低频巡检。能根据消防水池水位高低，能自动停止或投入备用泵；实现水泵控制及监测自动化，达到无人值守。

5.4　水污染控制管控平台

在矿井水处理站设有排水监测系统，监测矿井水处理后的排放情况，监测结果进入矿调度室监控系统，同时接入达旗环保监察系统，确保矿井水的零排放。

5.5　废气污染控制管控平台

矿区烟气排放主要是针对 3 台 20t 和 1 台 10t 锅炉的烟气排放进行建设的。在锅炉烟气排放的烟筒上安装有烟气监测系统，对烟气中的硫、氮、粉尘等排放物含量进行监测。进入矿调度室监控系统，同时系统直接入旗环保监察大队的监测系统。确保经过脱硫、脱销、除尘处理后的锅炉烟气排放符合国家环保的排放要求。

第6章 小 结

　　系统通过自动化平台，将数字矿上子系统、洗煤厂自动控制、企业办公等实现各工艺单元运行过程集成化，可在总调度室集成化展示和管理，为矿区的各个管理、生产环节提供信息依据和支撑。同时，矿区各系统已经完成各子系统建设、数据集成和权限分配，其中烟气、污水污染排放在线监测、实时查看功能以及监测数据综合自动化平台集成为矿区的生态环境治理和后期的分析决策提供依据。红庆梁煤矿通过信息化建设为生产管理提供了重要的保障，总体上达到了生产现场的"无人或少人值守，有人巡视"，达到了管、控、监一体化。同时，后期规划建立矿区地理信息系统，将矿区的井下、地面建立地理信息图层，将各管理监测监控因子在地图上进行可视化的展示，实现矿区的一张图管理和分析决策。

第八篇

结 论

本研究针对西北地区经济发展过程中煤炭开发引起的环境污染及生态破坏、污染控制成本高、废弃物资源化利用率低、技术进步缓慢等问题，开展了对煤矿开发过程产生的高矿化度矿井废水、西部井工矿大气环境污染综合治理、煤矸石综合处置及矿区生态修复等关键技术的集成研发。通过关键技术的突破和技术集成示范，全面构建了矿区生态环境综合治理信息管理与决策支持系统，提升了自治区煤矿开采过程中生态环境保护的科技自主创新和集成创新能力。研究主要结论如下：

（1）建立了针对矿井水的模块化处理的综合评价体系，对矿井水回用地面用水和井下用水的可行性展开评价，构建了井工矿水资源循环高效利用体系；进而提出了井矿废水的处理工艺；以全矿区的水资源调配分析网络为指导，构建了井工矿废水高效利用示范工程，实现了矿产开发过程中的循环经济和生态环境保护。

（2）通过对煤矸石淋溶液测评，论证了红庆梁煤矿煤矸石属于一般工业固废，不属于危险废物，并且淋溶液不会对地表水及地下水产生影响。利用煤矸石置换煤炭的方式，将掘进煤矸石回填废弃巷道，既填补煤炭采空区又大量处理了煤矸石，效益显著。选用全煤矸石制砖工艺，将煤矸石烧结制成多孔砖或空心砖，节约资源，变废为宝。构建了矸石多渠道多层级的综合利用体系，并形成示范工程。

（3）针对污水产生、处理、排放以及固体废弃物的储存处置均设计了有效的环保方案，并根据方案建设高效的处理处置措施，同时地下水环境保护的各项措施运行有效，因此，红庆梁矿井及选煤厂不会引起周围地下水环境恶化。建议矿井在投产 5 年后开展环境影响后评价工作，对工业场地水污染防治措施的有效性以及水井供水情况进行验证，进而提出更具有针对性的保护措施。

（4）通过对红庆梁煤矿生态环境的现状调查，对地表沉陷过程的生态环境影响进行了深入分析，预测并评价了地表沉陷对土地利用、耕地、林地、草地及生态系统等的影响，最后提出了留设保护煤柱、各类用地复垦等切实可行的地表沉陷引起的生态环境修复技术及模式，保障煤矿开采过程中生态环境得到有效的保护。

（5）通过综合分析研究红庆梁矿矿井及配套选煤厂的工业场地燃煤锅炉烟气、筛分破碎车间除尘器尾气、工业场地和填沟造地工程区无组织排放扬粉尘、煤矿回风井风排瓦斯、煤矸石自燃等废气的产排情况，深入分析其在区域大气环境中的污染机理及扩散特性，提出了煤矿气体污染治理的多项有效技术，综合技术的应用形成了红庆梁煤矿的特定区域条件下废气污染综合治理的高效方案。

（6）研究开发的信息化建设效果显著，为生产管理提供了重要的保障，总体上达到了生产现场的"无人或少人值守，有人巡视"，达到了管、控、监一体化，系统通过自动化平台，将数字矿上子系统、洗煤厂自动控制、企业办公高效集成，为矿区的各个管理、生产提供了依据和支撑。同时，后期规划建立矿区地理信息系统，将矿区的井下、地面建立地理信息图层，将各管理监测监控因子在地图上进行可视化的展示，实现矿区的一张图管理和分析决策。

上述研究结果重点解决了煤矿开采过程中地表沉降有效治理、高矿化度矿井废水高效处理技术及资源化利用、煤矸石综合处置、矿区生态修复及防治等方面的共性关键技术问题。